U0157136

中国的世界百年气象站

Centennial Observing Stations in China

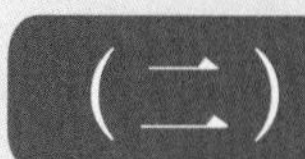

刘雅鸣 主编

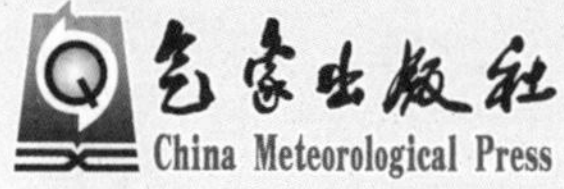

图书在版编目（CIP）数据

中国的世界百年气象站. 二 / 刘雅鸣主编. -- 北京：气象出版社，2020.12
ISBN 978-7-5029-7271-4

Ⅰ. ①中… Ⅱ. ①刘… Ⅲ. ①气象站－介绍－中国
Ⅳ. ① P411

中国版本图书馆 CIP 数据核字 (2020) 第 164982 号

Zhongguo de Shijie Bai Nian Qixiangzhan（Er）
中国的世界百年气象站（二）

出版发行：气象出版社
地　　址：北京市海淀区中关村南大街 46 号　**邮政编码**：100081
电　　话：010–68407112（总编室）　010–68408042（发行部）
网　　址：http://www.qxcbs.com　**E-mail**：qxcbs@cma.gov.cn
责任编辑：邵　华　宿晓凤　**终　　审**：吴晓鹏
责任校对：张硕杰　**责任技编**：赵相宁
封面设计：郝　爽
印　　刷：北京地大彩印有限公司
开　　本：889 mm × 1194 mm　1/16　**印　　张**：7.5
字　　数：128 千字
版　　次：2020 年 12 月第 1 版　**印　　次**：2020 年 12 月第 1 次印刷
定　　价：108.00 元

《中国的世界百年气象站（二）》编委会

序

气象观测信息和基础资料是国家经济建设、社会建设、文化建设、政治建设和生态文明建设的重要基础性资源，也是气象业务服务和科学研究的基础性资源。只有确保气象观测信息的代表性、准确性、连续性和可比较性，才能为气象资料积累提供基础性保障，而保证气象设施可以长期持续观测则是实现这些目标的关键所在。

气象台站是重要的气象设施。长期观测站服务于当下和未来的长期高质量气象记录的需要，是全球气候与生态的忠实记录者，是不可替代的人类文化与科学遗产。世界气象组织认为，保护包括百年气象站在内的长期观测站是政府责任。因此，世界气象组织建立了一套包括 9 项强制标准的百年气象台站的认定机制，用来突出长期历史序列气象站的作用，肯定会员在维持站点长期运行方面所做的贡献。2013 年 5 月，世界气象组织执行理事会第 65 次届会提出，建立认定百年气象台站的机制。在各方的努力下，2016 年 6 月，世界气象组织执行理事会第 68 次届会通过了世界气象组织认定长期观测台站的机制。

2017 年 5 月 17 日，在世界气象组织执行理事会第 69 次届会上，首批 60 个世界气象组织百年气象站名单公布，中国申报的呼和浩特、长春、营口气象站和香港天文台成功入选。2019 年 6 月 12 日，世界气象组织在日内瓦向最新一批获认定的 23 个百年气象站颁发证书，其中包括中国的武汉、大连和沈阳 3 个气象站。2020 年 9 月 30 日，世界气象组织执行理事会第 72 次届会通过决议，中国申报的北京、芜湖、青岛、南京、齐齐哈尔和澳门大潭山 6 个气象站被认定为最新一批世界气象组织百年气象站。此外，早在 2012 年，为表彰中国徐家汇观象台连续 140 年收集长序列气候资料做出的突出贡献，徐家汇观象台被世界气象组织认定为百年气象站。一百多年来，这些气象站坚持气象观测、积累基础数据，见证了中国近现代气象事业发展的历史、文明与科学的进步。无论是 1872 年 12 月 1 日就已经观测的徐家汇观象台，还是支撑起亚洲最早海洋气象服务业务的香港天文台，无论是多次为我国原子弹、氢弹试验承担探空观测任务的呼和浩特气象站，还是历经战火却几乎未影响观测业务的长春气象站，抑或是曾因战争中断观测的营口、武汉、大连和沈阳气象站，还有历史悠久的北京、芜湖、青岛、南京、齐齐哈尔和澳门大潭山气象站，都是科学发展与民族复兴的忠实记录者。

中国气象局积极履行保护长期运行的气象台站的责任，始终致力于保护气象台站的探测环境和科学人文价值。2017 年，中国气象局发布《中国百年气象站认定办法》，获得认定的气象站将被列入中国气象站重点保护名录并公布，得到地方政府保护承诺，确保能够长期开展气象观测、积累气候资料。2018 年 6 月 4 日，首批“中国百年气象站”名单公布，中国境内 433 个气象站（百年站、七十五年站和五十年站）获得认定，其中，大连国家基本气象站、沈阳国家基本气象站、熊岳国家基本气象站、齐齐哈尔国家基本气象站、南京国家基准气候站、芜湖国家气象观测站、青岛国家基本气象站、武汉国家基本气象站、岳阳国家基本气象站、长沙国家气象观测站 10 个气象站获得百年站认定。2020 年 9 月 21 日，第二批“中国百年气象站”名录出炉，中国境内新增认定 226 个气象站，其中，海拉尔国家基准气候站、满洲里国家基准气候站、博克图国家基准气候站、蚌埠国家基本气象站 4 个气象站获得百年站认定。

历经风雨，屹立百年，对每一个气象台站来说，都殊为不易。当我们回顾这些气象台站的世纪沧桑，可以更加真切地感受到长期气象观测的艰难与重要，共同坚定保护气象设施和气象探测环境的决心，为延续源远流长的中国气象观测历史做出我们的当代贡献，为完善全球气象观测资料做出我们的中国贡献！

中国气象局局长
世界气象组织中国常任代表　刘雅鸣

2020 年 10 月

目录

第一章 香港天文台

香港是位于中国南部的沿海城市，在 19 世纪时其航运业已相当发达，是一个重要的贸易中转站。香港天文台就建在九龙半岛尖沙咀北部的一座小山丘上（旧称依利近山或艾尔尊山），137 年来从未搬迁过，据说这里原本四周都是水稻田，如今大厦林立，变作繁华都会景象。

香港天文台成立于 1883 年，由英国殖民者建立。它的出现，一方面反映西方对中国南方气候、气象数据的需求，另一方面响应屡遭台风肆虐的香港本地民众对灾害天气警报服务的期望。这两方面的需求注定了其此后蜕变演化的轨迹。随着香港社会的发展，香港天文台的服务内容陆续有所增添，从航海到航空，从天文到地震，从报时到报台风、报暴雨。2017 年，香港天文台被世界气象组织认定为首批百年气象站之一。

位于小山丘上的香港天文台，摄于 1902—1905 年（照片由前香港天文台台长岑智明提供）

WEATHER CLIMATE WATER

HONG KONG OBSERVATORY
RECOGNIZED AS A LONG-TERM OBSERVING STATION
BY THE WORLD METEOROLOGICAL ORGANIZATION
IN MAY 2017 FOR MORE THAN 100 YEARS OF
METEOROLOGICAL OBSERVATIONS

Prof. Petteri Taalas
Secretary-General of WMO

Long-term meteorological observations are part of the irreplaceable cultural and scientific heritage of mankind that serve the needs of current and future generations for long-term high quality climate records. Their continued future maintenance will ensure that these unique sources of consistent past and contemporary information about atmospheric parameters serve as references for climate variability and change assessments and as prerequisites for efficient climate services. By recognizing long-term observing stations according to a list of criteria, WMO promotes sustainable observational standards and best practices that facilitate the generation of high-quality long-term time series data.

This certificate refers to Decision 8 (EC-69), May 2017; the recognition will be reviewed every 10 years.

2017 年世界气象组织授予香港天文台的百年气象站证书

第一节 香港天文台的使命

（一）香港天文台建立之前的香港气象观测

香港是中国岭南地区的一座繁华城市。她所立足的这片土地，曾归属于秦汉的博罗县、唐朝的东莞县、明清的新安县。1840 年，英国对中国发动第一次鸦片战争。1842 年，清政府战败后，被迫与英国签订了《南京条约》，将香港岛割让给英国。港英政府管治香港地区后，开始将西方观测及记录天气的方法引入香港。1844 年，港英政府首次将其在域多利监狱所做的气象记录数据在《政府公报》发表，展示了当时西方的气象观测技术。西方通过科学仪器对大气变化基本数据进行监测和记录，这种对天气变化规律的认识方法与中国传统的对气象的宏观评估方法大相径庭。1874 年，香港船政署（今香港特别行政区政府海事处）开始负责监测香港水域范围以内的台风，并发出预报警告。每次台风过后的损毁情况则由量地官署及警署负责提交报告。虽然自 1844 年起有关气象的详细记录，只是港英政府为方便部门运作而作的官方记录，并不面向社会供公众广泛应用，但它客观上保存了 1883 年香港天文台成立以前较具体、详尽的香港气象资料。

1845 年，为满足航海需求，港英政府开始在《政府公报》公布香港气象记录和近期天气报告，并提供对天气好坏（例如阴、晴、雨、雾、骤雨、雷暴、闪电、潮湿等）和海港风力情况（包括静风、微风、和缓、烈风、暴风和飓风）的描述。香港气象报告的用语习惯，就是在这个时候形成的。

从 19 世纪 50 年代初开始，香港报纸会定期发布由政府提供的气象资料，主要是每月整体天气状况的总结，内容包括气压计（当时的中文报纸称其为“风雨针”）、温度计、湿度计及雨量计所测量的数值。1867 年开始有风向记录。港英政府对天气情况关注，除了温度和气压之外，还有空气潮湿的程度，这主要是因为与欧洲的天气相比，香港的天气更为炎热潮湿，对移居到此地的欧洲人来说，不容易适应，许多官员因此患病，甚至每年夏季必须回国度假。

当时，除报纸上的天气月报外，每年的年历也会登载各月天气数据。这些数据大都是依据往年气象资料，预测新的一年每月的最高及最低气压、最高及最低气温的状况，以供市民参考。这种年历编排，与中国传统年历将一年四季每个月过往的气候特征作综述报告的做法有点相似。从年历处理气象数据的方式可见，在 19 世纪中期，除航海人士外，香港社会一般民众对气象信息的需求度并不高，甚少注意每日气压及气温的变化。在这一时期，每到台风袭港的季节，台风会直接威胁居民的生命与财产安全，而在炎热潮湿的夏季，人口稠密的城市便会进入传染病高发期，因此，气象记录事务改由医务署负责，医官每年年终均须以部门报告的形式，将 1—12 月的每月最高及最低气温、气压、降雨情况，以及整体天气状况向香港总督汇报。记录天气的地点也以医院为主，曾做过气象记录的医院包括海员医院、政府国家医院和洛克医院。此外，个别政府部门也会因工作需要而进行天气监测，如水务署自 1877 年起便开始就香港的降雨量做记录。

（二）创建香港天文台

1877 年 10 月 5 日，香港测量署署长派斯（John M. Price）向当时的代布政司史密夫提出设立天文台的建议，这是目前可看到的最早有关天文台创台的历史文献。

METEOROLOGICAL REGISTER.
Hongkong Observatory, 31st Jan., 1884.

Station.	Previous day at 4 p.m.	On date at 10 a.m.	On date at 4 p.m.
Barometer	30.01	30.17	30.09
Temperature ..	62.2	65.1	65.3
Humidity	91	85	84
Di'tion of wind	E	E	E
Force ,,	4	5	4
Weather........	od	c	b
Rain..........	—	—	—

W. DOBERCK.

以香港天文台名义发表的第一份天气报告，刊载于 1884 年 1 月 31 日的《德臣西报》（*The China Mail*）

派斯对设立天文台的意义、规模、兴建的费用及运作的方法，有相当缜密的构思，想法比较完备。在这份建议书中，他力陈设立天文台、向航海者提供准确报时服务的重要性。根据他的调查，1876 年留港或过港的船只超过 150 万吨，而这些船只大多是从英国出发，绕道苏伊士运河或好望角，经香港驶往中国内地。在漫长的航行中，船只必须经过不同的时区，船上的航海时计已渐渐不那么精确，而准确的时间又是确定船只位置不可或缺的依据，航海时计的失灵，造成船员难以知道船只所处的经度，因此，派斯认为，香港作为一个重要的贸易中转站，政府有必要设立一所可以提供准确报时服务的机构，协助船只调准航海时计，计划旅程。

既然设立的天文台以报时服务为本，其组织就必然以报时工作为基础。因此，派斯的创台建议书，围绕报时方法作了颇为详尽的建议，如参考当时在欧洲相当流行的降时间球的报时法，每日于指定时间在港口较易被船只眺望到的高地，由专人将时间球下降以说明时间，为远洋轮船及贸易船队提供经度的依据，帮船只厘定自身的位置。而在基本设备方面，也是主要考虑为准确报时做准备，如购置天文望远镜、中星仪、恒星定时器，联系天文台与报时信号站的仪器，以及降时间球的仪器等器材。天文台可以以向船只征收报时费来解决资金问题。经过计算，这样收费之后，五年内便可以收回成本，并有盈余用于购买气象观测设备，发展气象观测业务。

派斯认为，设立天文台，可以把不同政府部门的零散气象观测工作进行统一管理。他还建议在九龙半岛的依利近山（Mount Elgin，即天文台总部现址）兴建气象局，因为该处地势较高，适合气象部门收集气象数据和传输信息。

在派斯提出这一建议的25天后，即1877年10月30日，海军上将雷特（Alfred P. Ryder）亦致函代布政司，阐述设立天文台的重要性，他的立场与派斯一致，认为创立天文台最主要的目的是为远航轮船服务，一所提供中国南海气象观测资料的天文台，在台风吹袭期间是保障航海船只安全必不可少的机构，而在平日，它也可提供服务，保障船只在中国东南沿海的航行安全。

1879年，经英国皇家学会基尔委员会（Kew Committee，Royal Society）副主席雷华朗（Warren de la Rue）提出，1881年由庞马（H. S. Palmer）撰写了天文台建台草拟书，该草拟书一直被视为天文台1883年创台的蓝本，其实它只是派斯及雷特关于天文台创立建议书的修订本。和派斯的建议书一样，这份草拟书也将报时服务列为创台初期的首要任务，气象观测及地磁观测只是未来发展的方向。

杜伯克博士

庞马的创台草拟书最大的贡献，不在提出创建天文台，而在其提出建立气象观测部、地磁部及潮汐观测部。碍于经费不足，这几个部门没有在天文台建台初期成立，但却成了天文台日后扩展的主要方向，使天文台的气象观测更具科学研究价值。

港英政府最终在1882年决定，在九龙半岛成立香港天文台，社会各界关于气象观测的报告也全部改由天文台负责。1883年，天文台创立，第一任天文司（即首任天文台台长）杜伯克博士（Dr W. Doberck）于当年7月20日到达香港。

（三）成长为百年气象站

香港天文台早期的工作包括气象观测、地磁观测、根据天文观测报时和发出热带气旋警告等。1912 年，英王乔治五世将其命名为“皇家天文台”，以示重视。香港天文台从此使用这一名称，直至 1997 年 7 月 1 日中国政府对香港恢复行使主权，即改回原名，复称香港天文台。

香港天文台总部占地约 16200 平方米，坐落于九龙半岛尖沙咀的一座海拔约 32 米的小山丘上。楼高两层的主楼具有维多利亚式建筑风格，建于 1883 年，位于山丘东部。主楼分别于 20 世纪 10 年代、50 年代扩建。1982 年，名为“百周年纪念大楼”的新楼在主楼旁落成，于翌年香港天文台成立一百周年时正式启用，供各技术部门和职能部门使用。旧大楼仍为台长级办公室及行政部组办公室所在。香港天文台总部于 1984 年被香港古物古迹办事处列为香港法定古迹。

天文台还在香港不同地方建立外站，其中包括太平山顶、横澜岛、启德机场等。20 世纪 80 年代后，自动气象站的出现，大大提高了气象观测的时间密度和覆盖范围。

虽然天文台成立于 1883 年，但由于前期筹备尚需时日，其气象观测业务直到 1884 年才正式开展，而其首要职能——报时服务，直到 1885 年 1 月 1 日才正式开始。1883 年，首任台长杜伯克考察了中国各大城市，包括汕头、厦门、上海等沿海城市，旨在了解中国沿海各地气候状况，并考察各地气候观测的方法。回香港后，他便着手统筹各政府部门的气象观测工作，统一观测方法，包括：把日常气象观测时间固定为 10 时、16 时及 22 时；分配灯塔气象观测轮班次数至每 3 或 4 小时一次；制定气压计、温度计、湿度计、量雨计及风向仪等气象仪器的使用守则；统一描述天气特征术语的定义；等等。杜伯克凭个人经验，确定了气象记录的统一格式，使 1884 年以后的气象数据更具连贯性。

第一次扩建后的香港天文台主楼，摄于 1913 年

第二次扩建后的香港天文台主楼，摄于 1977 年

香港天文台主楼（左）和1983年启用的百周年纪念大楼（右），摄于2019年

香港天文台自1884年以来一直在总部进行气象观测，并提供全中国第二长年期的气象观测记录。天文台总部一直是香港的基准天气站。由于20世纪80年代天文台总部附近急剧城市化，高楼大厦相继矗立，1992年7月1日，基准天气站不再是天文台总部，而改成了京士柏气象站。位于赤鱲角的香港国际机场则从2000年4月1日起成为香港的基准天气站。天文台总部至今仍然在持续进行地面气象观测，为市民提供香港市区的温度、湿度、雨量等基本气象信息和记录。

一百多年来，在香港天文台总部所搜集的各种气象资料是香港天文台历史的重要部分。这些长期观测数据记录了香港在全球气候变化和本地城市化影响下的气候改变，是香港甚至全球弥足珍贵的气候资料参考资源。此外，这些气候数据还可用于气候信息服务、防灾减灾、基建及城市设计、公众教育、历史大气重建分析、大数据分析、智能城市发展、气候及极端天气研究等诸多方面。

第二节　早期气象服务

1883 年成立的香港天文台，是以西方的科学理念为依据，并引入了西洋天文及气象观测方法的科学机构，将原本并不统一的气象观测、测量方法整合起来，并通过报纸传播气象信息，使人们得以了解气候规律，这对晚清时期英国殖民统治下的香港社会，客观上存在着一定的科学启蒙作用。

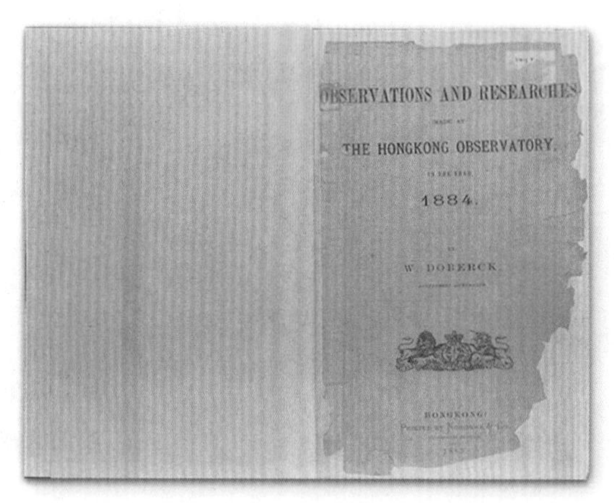

1885 年出版的《1884 年香港天文台气象观测与研究》（*Observations and Researches Made at the Hong Kong Observatory in 1884*）

1931 年出版的《香港气候（1884—1929）》（*the Climate of Hong Kong*（*1884—1929*））是早期香港天文台研究香港气候的主要文献

（一）气象观测

香港天文台的第一任台长杜伯克于 1883 年为香港天文台制定了气象观测指引，1884 年，香港天文台总部正式开展恒常地面气象观测业务。当时观测项目有大气压力、气温、风速、风向、云型、云量、云的移动方向、雨量及日照时间等；相对湿度由干、湿球温度根据湿度表计算得出。在 1889 年或更早，香港天文台开始采用“印度模式”，即以棕叶和竹席制成温度计棚，以改善温度计的通风状况，减少一般温度计百叶箱在夏季日间可能出现的过热现象。这种温度计棚一直沿用至今。

香港天文台总部及香港其他气象站取得的地面气象观测数据，从 1884 年起，刊载于每年出版的《气象资料第一部分（地面观测）》。

香港天文台包括天文台主楼、温度计棚、中星仪室、赤道仪、地磁小屋

香港天文台主楼，约摄于1893年或以前。图中可见安装在主楼楼顶的风速计和赤道仪圆顶（照片由前香港天文台台长岑智明提供）

香港天文台总部的温度计棚，摄于20世纪50年代

（二）授时服务

香港天文台是香港的法定计时机构，其设立时的主要任务之一就是向公众，尤其是航海人员，提供准确的报时服务。

最初，香港天文台采用直径为7.62厘米（3英寸）的中星仪及直径为15.24厘米（6英寸）的赤道仪来进行天文观测，其中，中星仪主要用作测定地方时。1884年，天文台在坐落于尖沙咀海旁小山丘上的水警总部附近兴建了时间球塔，于1885年1月1日投入使用。当年的时间球直径达1.83米（6英尺），悬于时间球塔塔顶的桅杆上，为来往香港的船只提供准确的报时服务。在水警总部工作人员的协助下，时间球于每日中午12时50分被升至时间球塔上桅杆的顶部，并于13时降下。然而，19世纪末期，因受限于技术水平较低及人手不足，1885年至1891年10月，报时服务只在工作日执行。

第一座位于尖沙咀水警总部的时间球塔，约摄于1886年（照片由前香港天文台台长岑智明先生提供）

第二座位于尖沙咀讯号山的时间球塔，约摄于20世纪10年代（明信片由前香港天文台台长岑智明先生提供）

1891年11月至1902年期间，曾一度增加星期日的报时服务，但1903年至1912年又恢复只在工作日报时。全年365天的报时服务，迟至1913年才开始全面实施。

由于种种原因，以时间球报时偶尔会出现失误。为减少机件故障，改良报时服务，天文台曾于1901年更换一铜制并配以钢弦的时间球；又在1904年采用格林尼治时间，使香港列入本初子午线以东的第8时区，与格林尼治维持紧密联系，减少计时的误差；1908年，在尖沙咀大包米（即现在的讯号山）兴建了一座更易为船只远眺的讯号塔，用作放置时间球，取代自1885年1月1日起使用的报时地点——尖沙咀水警总部；1920年起，天文台还在晚上使用3盏白灯作报时信号，增加报时的频率。

（三）海洋气象信息中心

1883年香港天文台成立之初，首先与世界各地的气象台建立紧密的联系，定期交换气象消息，包括菲律宾马尼拉、俄国符拉迪沃斯托克（海参崴）及日本长崎以及我国厦门、福州、上海。天文台还与大东电报局、澳中电报公司及大北公司建立合作关系，由这些公司免费提供气象消息传送服务。

从1884年开始，天文台将从各地搜集到的气象资料综合整理印制成小册子，提供给各政府部门使用。天文台也会应答个别舰只的查询，但因人手不够，这项服务并未全面展开。

台风在中国南海的活动情况，是早期香港天文台的重点观测业务，也是留存下来的气象资料中的宝贵部分。1886 年，天文台开始发行专供航海业者使用的《东海台风规律》，发布中国南海区域的台风动态。1887 年，天文台利用从电报局接收到的气象资料印制成《中国沿岸气象记录》小册子，报告中国南海区域每天的天气状况。1890 年，《中国沿岸气象记录》所涉及的地区包括符拉迪沃斯托克（海参崴）、东京、长崎、上海、福州、厦门、开平、汕头、广州、澳门、海口、婆罗乃（现文莱）、马尼拉等。1893 年，《中国沿岸气象记录》增加发行量，小册子除可供政府部门及驻军参阅外，还由船政署派发给船舰使用。该刊物于 1902 年后改为日刊，在每天早上免费发放给各家船运公司，由于供不应求，1914 年这本刊物不再免费，而是开始接受公开订阅，每年收费港币 10 元。

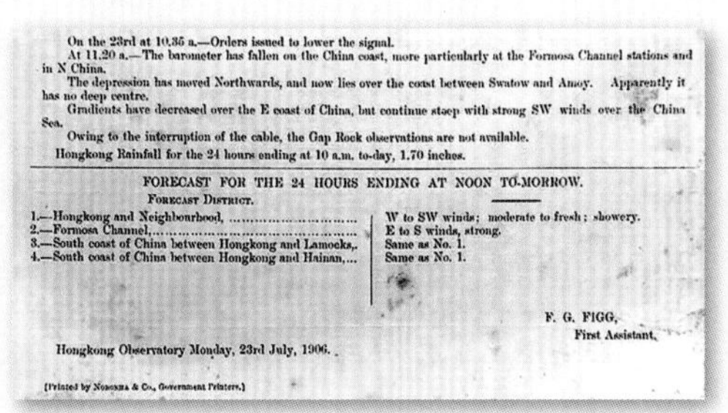
On the 23rd at 10.35 a.—Orders issued to lower the signal.

At 11.20 a.—The barometer has fallen on the China coast, more particularly at the Formosa Channel stations and in N China.

The depression has moved Northwards, and now lies over the coast between Swatow and Amoy. Apparently it has no deep centre.

Gradients have decreased over the E coast of China, but continue steep with strong SW winds over the China Sea.

Owing to the interruption of the cable, the Gap Rock observations are not available.

Hongkong Rainfall for the 24 hours ending at 10 a.m. to-day, 1.70 inches.

FORECAST FOR THE 24 HOURS ENDING AT NOON TO-MORROW.

FORECAST DISTRICT.	
1.—Hongkong and Neighbourhood, ...	W to SW winds; moderate to fresh; showery.
2.—Formosa Channel, ...	E to S winds, strong.
3.—South coast of China between Hongkong and Lamocks,	Same as No. 1.
4.—South coast of China between Hongkong and Hainan,...	Same as No. 1.

F. G. FIGG,
First Assistant,

Hongkong Observatory Monday, 23rd July, 1906.

(Printed by NORONHA & Co., Government Printers.)

香港天文台在 1906 年 7 月 23 日向公众提供的未来 24 小时天气预测

自 1888 年起，天文台所搜集到的气象资料主要来自 40 个分布于世界各地的气象站，天文台利用这些资料制成航海气象图，提供有关风向、天气、各经纬度的气压状况等资料，配合《东海台风规律》，让航海者在台风季节及时了解天气信息，尽量避免进入台风强劲的区域，有极高的导航价值。自 1909 年起，天文台开始每天绘制天气图，张贴于船政署、卜公码头及渡海小轮码头等几个公众聚集的地点，供市民参考。

船舰既是早期天文台主要的服务对象，同时也是气象消息的供应者。自 1888 年起，天文台开始搜集来自外地船只的航海日志，分析香港邻近海域的天气状况。起初提供航海日志的船舰只有数十艘，1891 年开始增至 200 多艘。1892 年天文台开始搜集香港地区船只所做的气象

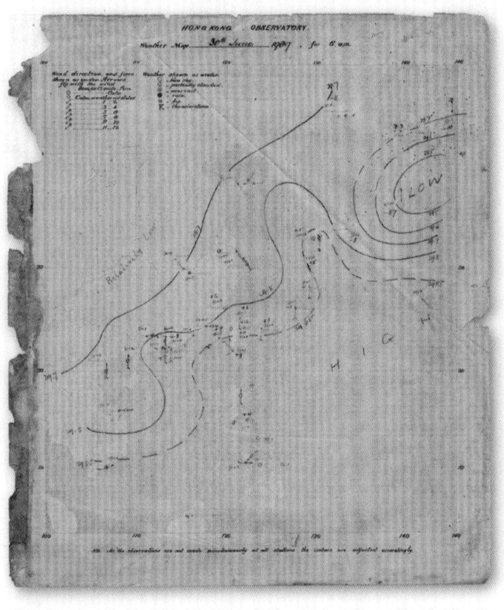

1909 年 6 月 30 日 06 时的天气图，是香港天文台现存最早的天气图

记录。天文台对各船只所提交的海上气象数据的报告格式做了统一的规定，内容包括船只的名称、位置、观测时间，以及量度气压、温度、风向和风力等数据。船只观测的时间约定为每天的 06 时和 14 时。天文台将搜集到的资料参考各经纬度的天气状况加以综合整理形成天气报告，在建立了无线电通信站之后，这些天气报告均以无线电广播的方式，在每天 13 时发布。当然，观测天气的时间及报告天气的时间偶尔会受外在因素影响而发生变化，甚至中断，如 1915 年 11 月 1 日至翌年 4 月 30 日，船只在海上的气象观测就只能在每天 06 时进行。

天文台通过船舰搜集到的消息数量与日俱增，积累了 19 世纪末到 20 世纪中叶船舰海上气象观测资料，这些资料对研究者了解中国南海近代气候状况有着极大的帮助。

1910 年后，天文台改用无线电接收英国海军舰队及其他观测机构的气象观测资料。1915 年 7 月 15 日，天文台在鹤咀设立无线电通信站，邻近海域的船只可在每天 13 时接收到由天文台发出的每日天气报告。在台风季节，天文台还会视情况增加发布报告的次数。为方便数据传送，天文台采用 6 个字符的电码和中国台湾、澳门、上海徐家汇，以及印度尼西亚、菲律宾等地区进行气象资料交换，并采用另一套较简单的 A 式电码，应用于中国福建厦门、山东威海卫，以及马来西亚纳闽等地区。

自从建立无线电通信站以后，船只大多借助无线电把海上气象消息传送到天文台，而不再需要提供航海日志。天文台借助无线电发布天气消息的次数也逐渐增加。1926 年，因传送技术改良，天文台除了向邻近海域发布天气消息外，还向 26 个远东地区的城市传送当天天气报告。香港天文台作为中国南海气象信息、资料的汇集中心，满足了往来贸易船只的气象需求，为香港发展成为太平洋贸易重镇做出了莫大的贡献。

（四）热带气旋警告系统

香港天文台成立的一项重要任务，就是建立一套热带气旋警告系统。自 1884 年开始，香港已经采用一套以圆柱形、球形和圆锥形为信号球的目视系统，向港内船只发布关于热带气旋的情况及其大约位置的消息。这套信号系统与当时在中国沿海港口所使用的风暴信号保持高度的一致，1906—1917 年，采用了《中国沿海信号符号》。

每当热带气旋迫近香港的时候，除了悬挂上述信号球外，还会鸣炮警告居民。1907 年开始，改用燃放炸药的巨响代替鸣炮。1937 年，香港最后一次使用此方法。

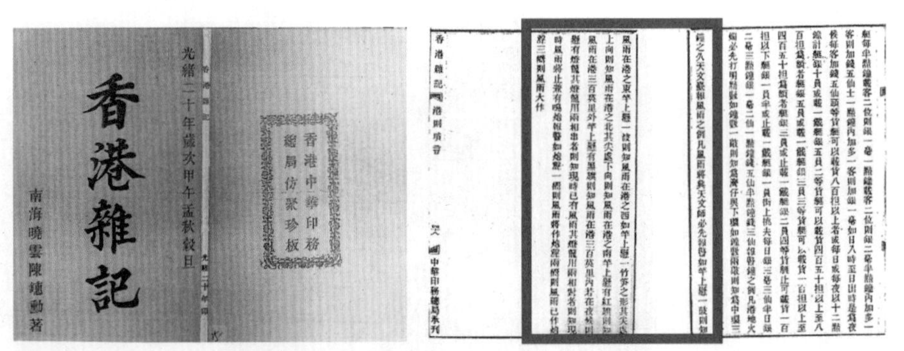

1894 年出版的《香港杂记》记载有关初期的夜间信号（照片由郑宝鸿先生提供）

1890 年，香港天文台开始在夜间显示信号，当时采用两个灯笼作为示警。夜间信号在 1907 年作出调整。1917 年香港试行改革台风警告信号，分为本地与非本地台风警告信号。两套系统一直并行使用至 20 世纪 50 年代末。

1. 本地台风警告信号

香港在 1917 年 7 月 1 日开始采用以数字为基础的本地台风警告信号系统，主要是向市民发布热带气旋风力威胁的警告。本地台风警告信号系统以 1 ～ 7 号信号代表风暴情况。其中，2、3、4、5 号分别表示烈风将会由北、南、东、西四个方向吹袭香港。这是目前香港热带气旋警告系统的基础。自 1931 年起，本地台风警告信号系统更改为 1 ～ 10 号，其中，2、3 号分别表示强风由西南及东南方向吹袭香港；4 号为非本地信号，不在香港使用，5、6、7、8 号分别代表来自西北、西南、东北、东南四个方向的烈风；9 号则代表烈风风力增强；10 号代表飓风吹袭。后来，2、3、4 号信号被取消。其后历经数次革新，最终于 1973 年制定了沿用至今的台风警告信号。

同样在 1917 年，香港天文台建立了一套新的夜间信号。这套夜间系统一直运行至 2001 年底香港所有信号站停止运行为止。

2. 非本地台风警告信号

从 1917 年 7 月 1 日开始，香港使用的是《新非本地信号符号》。其后应香港商会的要求，于 1920 年 6 月 1 日起改用《中国海域风暴信号符号》。这套信号符号分别在 1931 年和 1950 年根据区内相关会议（包括 1930 年在香港举办的“远东地区气象局局长会议”）的建议作出修订。

香港天文台举办首届“远东地区气象局局长会议”的与会者合照，左五为时任香港天文台台长卡勒士顿（T.F.Claxton）先生，左四为时任徐家汇观象台台长劳积勋神父（The Rev Father Louis Froc, SJ），左九为沈孝凰（代表竺可桢），左十一为时任青岛观象台台长蒋丙然，左十二为时任东沙气象台台长沈有基（摄于1930年4月28日）

20世纪20年代末至30年代的尖沙咀海旁，图中显示热带气旋警告信号在三个不同地点悬挂：香港天文台总部（本地信号）、九龙仓（非本地信号）及讯号山（非本地信号和时间球）（照片由前香港天文台台长岑智明先生提供）

3. 台风警告信号的悬挂

起初，本地和非本地台风警告系统是并行使用的。若台风在香港的警戒范围以外，只悬挂非本地台风警告信号；若台风进入香港警戒范围内，本地和非本地台风警告信号会同时悬挂。本地和非本地台风警告信号是分别悬挂的，悬挂地点分布在香港的不同区域。

因香港于 1920 年启用《中国海域风暴信号符号》作为非本地风暴信号，原本在尖沙咀讯号山用作悬挂本地风暴信号的信号杆，也改为显示《中国海域风暴信号符号》的信号，本地风暴信号需要另觅地点悬挂。在当时天文台台长的建议下，香港天文台总部的无线电信号杆上分别于 1919 年 10 月 3 日、1920 年 6 月 1 日开始悬挂白天和夜间的本地风暴信号。1933 年，由于建设台长宿舍，该无线电信号杆从原来在主大楼西南方的位置移到了主大楼的东北侧。

（五）地磁观测

香港天文台于 1884 年开始利用磁强计和倾角仪定期进行地磁测量，包括水平和垂直磁力、磁偏角及磁倾角，测量记录一直持续到 1939 年。1884—1927 年，先后在位于天文台总部内的两个观测点进行测量，1928—1939 年则移至香港西北部的凹头继续进行测量。这些数据除了帮助船只利用指南针导航外，也有助于了解地球内部的物理情况及太阳活动对地球的影响。可惜凹头地磁站在 1941 年 12 月 8 日，即侵华日军进攻香港的当天停止运作，两位天文台职员希活（G. Heywood）和史他白（L. Starbuck）在拆卸仪器时被日军俘虏，地磁站及仪器亦被毁。

乔城模式倾角仪（一种量度磁倾角的仪器，香港天文台于 1884 年开始使用这种仪器作常规地磁测量，1941 年第二次世界大战中被毁）（Science Museum / Science and Society Picture Library 图片）

第三节　集中营里的气象观测

香港最终于 1941 年 12 月 25 日沦陷，整个城市陷入瘫痪状态，天文台正常的天气观测工作也被迫搁置。香港被侵华日军占领时期，时任台长伊云士（B. D. Evans）被禁锢于赤柱集中营，而助理台长希活和同事史他白则被关押在深水埗战俘营。虽然当时环境恶劣，生存条件十分艰难，伊云士仍凭借双手及简单仪器，在赤柱集中营内断断续续地维持部分的天气观测工作，并把收集到的气象数据记录在账簿、信纸、香烟纸壳和罐装饼干内附送的动物画片上。战时的记录虽未能完全符合观测的基本要求，但这些在特殊时期以特殊方式搜集到的气象数据，却仍是同期较为系统性的报告，是研究抗日战争时期香港气候的珍贵资料。

伊云士先生

希活先生，曾写下战俘营日记 *It Won't be Long Now*（Heywood，2015），并曾作潮汐记录

该批战时的气象资料，包括雨量、气温、气压、风向、相对湿度及一般气候概况的观测，其中有关天气概况的数据，记录起止日期为 1942 年 1 月至 1944 年 12 月，其他气象资料时间则以 1942 年 6 月至 1945 年 8 月为主。记录格式、登记方法仍以侵华日军占领前的为标准。1942 年的记录较为草率，大部分都是在香烟盒的背面或饼干、糖果罐内的画片上所做的手写笔记，字体稍显潦草。1943 年后，资料开始较为连贯和详细，报告偶有以打字机打印的，相当整齐，即使是手写记录的数据，亦可辨认。部分记录甚至有天文台台长签字认可，有的更是使用绘图表达统计数据，可见记录者态度十分严谨。

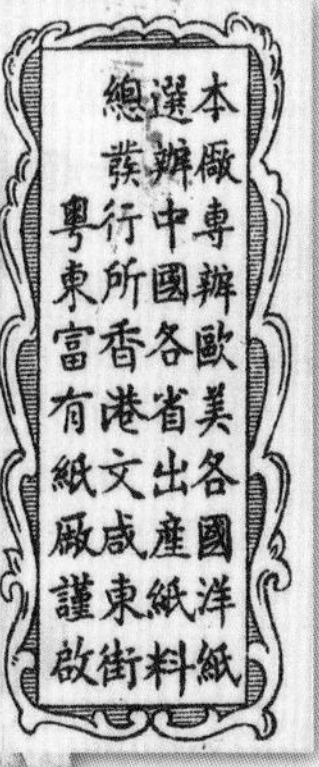

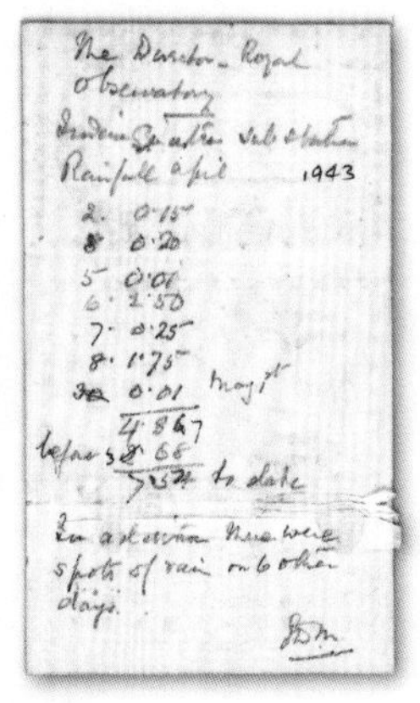

香烟纸壳上 1943 年 4 月的笔录雨量记录，纸上有伊云士先生在集中营的签名
（照片来源：香港特区政府档案处）

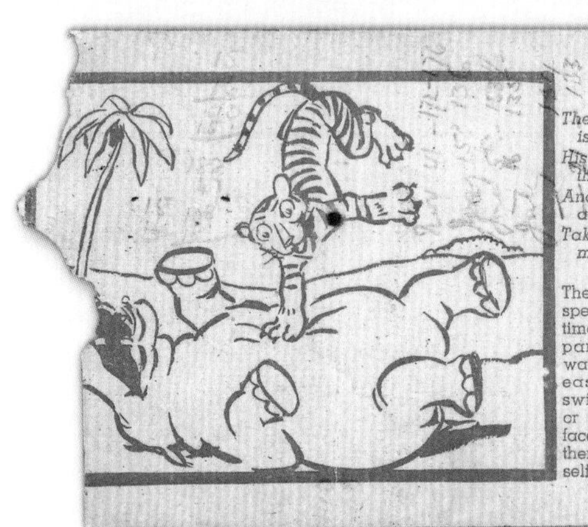

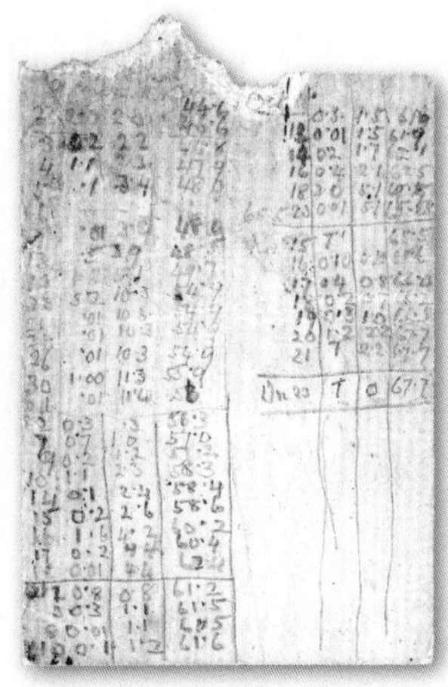

侵华日军占领香港时期，利用罐装饼干内附送的动物画片所记录的气象数据
（照片来源：香港特区政府档案处）

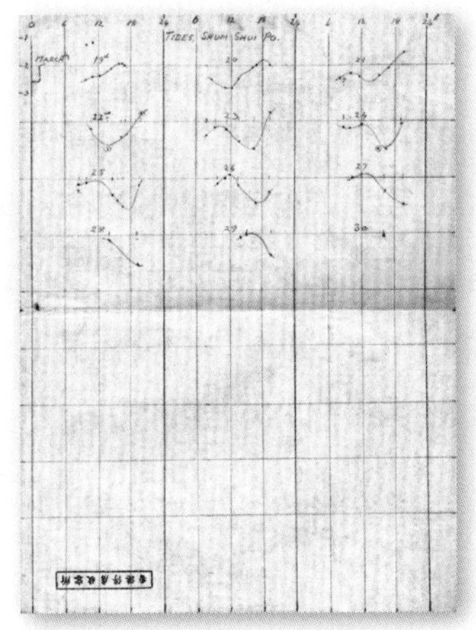

侵华日军占领香港时期，希活先生在深水埗战俘营所作的潮汐记录（潮汐记录原稿由希活先生家人提供，现藏于香港天文台历史室）

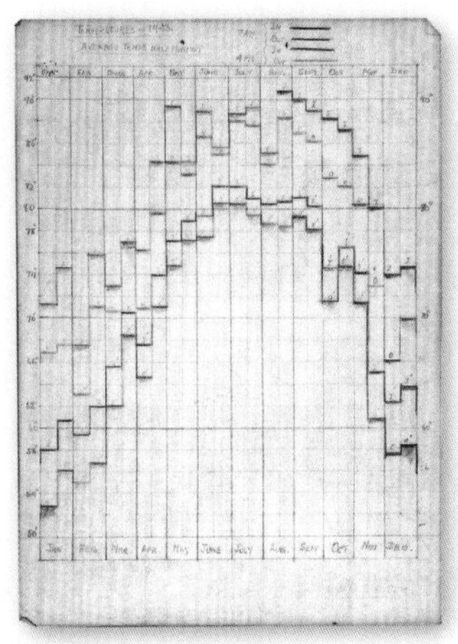

侵华日军占领香港时期记录在集中营信纸上的 1943 年气温数据（照片来源：香港特区政府档案处）

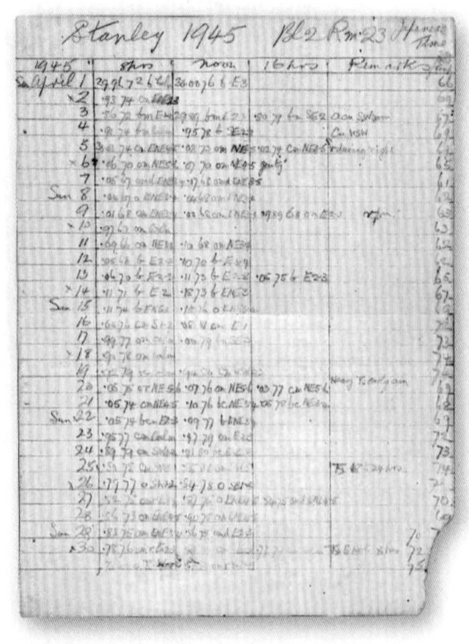
侵华日军占领香港时期，赤柱集中营 1945 年天气报告（照片来源：香港特区政府档案处）

以雨量记录为例，数据罗列了 1942 年 6 月至 1945 年 8 月期间每天、每月及全年雨量统计，除了与上年同期比较以外，还与香港自 1884 年以来的每月平均降雨量比较。每月降雨量偶尔会制成统计图表，可谓分析细致。气温观测为 1942 年 7 月至 1945 年 8 月的数据，记录时间为每天的 07 时、16 时及 22 时，同一小时内有 4 个读数：最高、最低、室内及室外的气温，由于没有清楚说明量度的地点及方法，因此，这些数据的准确性仍有待考证。气压的观测日期与风向记录相同，即 1942 年 7—12 月和 1943 年 6 月至 1945 年 8 月两个时间段。气压测量每天 3 次，分别为 08 时、12 时及 16 时，其中上午及正午的资料较为连贯。风向及一般的气候概况的描述，则基本根据观测员的个人推测，甚少以仪器量度的结果作为分析的依据。相对湿度资料最少，主要是 1944 年 4 月至 1945 年 7 月的记录，由于不知道当时是如何测量湿度的，所以该批数据很难用于研究。

从报告方法、数据完整性的角度来看，这批利用简单仪器甚至人的感官测量得到的气象记录，充分体现了观测者的高超技能和丰富经验，但也反映了当时资源不足的现实困难。被禁锢于赤柱集中营的天文台员工共有三位，气象数据可能主要是由这三位职员负责记录。这批战时的数据虽未能做到完全符合科学标准，却充分表达了天文台员工的意志及毅力。香港天文台也因此成为战时唯一还在执行日常工作的政府部门。被保存的香烟纸壳、画片亦变成抗日战争期间香港集中营俘虏生活状况的记录，成为珍贵的史料证据，这可能是记录者所始料不及的。

1941—1945 年侵华日军占领香港期间，天文台总部被用来放置两门高射炮。所寻回的记录显示，当时的侵华日军气象队士兵也在天文台总部作气象观测。虽然天文台建筑物仅遭受表面损坏，得以保存，但内里几乎所有设备都被侵华日军拆除。

第四节 二战后的发展

第二次世界大战结束后，香港天文台总部先由英国皇家海军及皇家空军接管，至 1946 年 5 月 1 日，港英政府重新执掌天文台，员工亦纷纷复职。原助理台长希活先生继任为二战后首位天文台台长。香港天文台总部的气象观测于 1946 年 6 月开始逐步恢复。航空气象服务亦于 1947 年 8 月在启德机场恢复。

1A, Caminho dos Artelheiros, Gr. Fl.,
Macau.
14th September 1945.

B. D. Evans Esq.,
Director, Royal Observatory.
Hong Kong.

Dear Sir,

We, the undersigned, hope earnestly that our congratulating telegram finds you in excellent health and with best of luck. In Macau Victory celebrations were joyfully displayed for three days. We presume that there will be a warm celebration for the same in Hong Kong later.

We think at the very near future all devils will steadily be driven out from Hong Kong and are quite sure that the colony will soon be orderly reestablished, particularly our Observatory Department. Since we arrived here we are under the support of British Government through the kindness of H. B. M. Consul in Macau. Now we are waiting your order to return.

With best regards and awaiting the favour of your early instruction.

We beg to remain,
Sir,
Your obedient servants.

侵华日军占领香港时期结束后，天文台华人职员于 1945 年联署要求复职（照片来源：香港特区政府档案处）

TABLE I.—CLIMATOLOGICAL SUMMARY, 1946.

1946 Month	Barometer at m.s.l.	Temperature Abs. Max.	Temperature Mean Max.	Temperature Mean	Temperature Mean Min.	Temperature Abs. Min.	Dew Point	Relative Humidity	Cloudiness	Sunshine	Rainfall
	mb.	°F	°F	°F	°F	°F	°F	%	%	hrs.	mm.
June	1007.4	93.1	86.8	82.4	79.1	73.2	78	85	77	No record	336.0
July	1004.1	95.5	84.3	82.5	78.2	75.0	79	87	79	131.2	368.3
August	1006.0	91.9	88.5	82.3	77.8	75.6	78	88	63	190.9	240.0
September	1009.4	93.2	88.4	82.1	77.2	71.3	76	81	57	224.7	220.1
October	1015.7	85.5	80.2	74.4	70.0	65.3	67	76	53	188.4	67.2
November	1017.3	82.8	76.4	70.5	66.1	55.6	62	76	48	215.9	7.1
December	1018.5	78.4	68.3	63.2	58.8	49.0	56	77	71	123.6	99.6

[4]

1946 年 6—12 月的香港气候摘要，记载于 1947 年 6 月出版的台长报告

（一）地面气象观测

二战后，香港天文台所观测的气象要素种类有所增加，在战前测量气温、气压、湿度、风力、云量、云高等项目基础上，增加了能见度、太阳辐射、最低草温及土壤温度观测等项目。1959 年，香港天文台在大老山安装第一部天气雷达，以监测热带气旋和暴雨。1994 年，香港天文台引进第一台多普勒天气雷达。

自 1969 年起，香港天文台开始利用计算机编制香港天文台总部及香港其他气象站测得的地面气象观测数据。随着自动气象站的发展，天文台总部的气象观测从 20 世纪 80 年代开始逐步走向自动化和数字化。

1959 年，香港天文台在大老山安装的第一台天气雷达

《气象资料第一部分（地面观测）》于 1987 年改称《香港地面观测年报》；自 1993 年起，该刊物内容简化为摘要数据和图表，并增加了高空数据，并改称《香港气象观测摘要》；自 2007 年开始，该刊物内容增加闪电次数、潮汐测量站的海平面资料，并改称《香港气象及潮水观测摘要》。

为配合于 1998 年 7 月启用的香港国际机场，香港天文台先后于 1997 年、2002 年引入最先进的机场多普勒天气雷达和多普勒激光雷达，进行低空风切变监测和预警。香港天文台职员自行研发的世界第一套激光雷达风切变预警系统于 2005 年业务运行，填补了多年来晴空风切变探测的技术真空，得到国际航空和气象界的高度认可。

（二）高空气象观测

香港天文台的高空气象观测始于 1921 年，在此基础上，于 1937 年开始了航空气象服务，每日为启德机场提供气象服务。翌年，远东飞行训练学校开始为天文台提供高空温度和湿度观测数据。二战后，香港天文台高空气象观测继续发展。1949 年，香港天文台总部装置了首套无线电探空系统，自此开始了常规高空气象观测，由天文台职员施放高空探测气球，通过无线电探空仪测得高空气压、温度和湿度，同时通过雷达测量和计算高空风向、风速。在香港天文台总部进行的常规高空气象观测一直持续到 1951 年 5 月底，之后，改在京士柏气象站进行。至此，历时 30 年的香港天文台总部高空气象观测任务光荣结束。

1949年12月16日上午，香港天文台职员在总部大楼前准备施放高空气象探测气球（照片由前香港天文台台长岑智明先生提供）

京士柏高空气象站于1951年11月9日正式启用仪式（照片由前香港天文台副台长史他白家人提供）

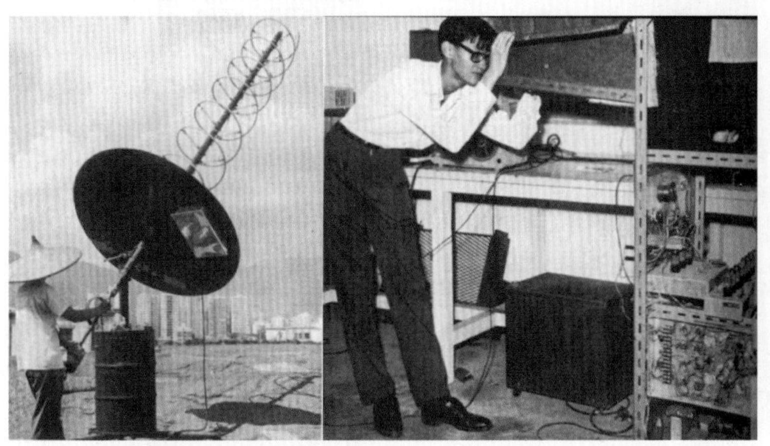

20世纪60年代，香港天文台人员在京士柏高空气象站利用自行研发的简单仪器接收美国气象卫星图像

1993 年，香港天文台引入数码探空系统，每周一次在京士柏气象站观测高空臭氧量，每年定期在不同天气情况下进行高空辐射探测。2004 年，香港天文台在京士柏气象站装设了全自动高空探测系统，自动对气球进行充气及施放，不但降低运作成本、提升工作效率，而且保障了员工的安全。

香港天文台于 20 世纪 60 年代中期开始利用自行研发的无线电天线和仪器于京士柏直接接收美国气象人造卫星的图像。随后数十年，天文台不断增加地面接收仪器直接收取国内、日本和韩国的气象卫星图像和数据，并通过互联网获取全球气象卫星图像。

（三）授时服务

香港天文台于 1950 年装置了摆钟，并利用世界其他授时中心的报时信号作为校准摆钟之用，报时准确度逐渐改良。1953 年 4 月，香港电台开始基于香港标准时间每小时播出 6 响报时信号。

1950—1966 年提供香港官方授时服务的摆钟，透过外置的电路板，可将报时信号送达不同用户

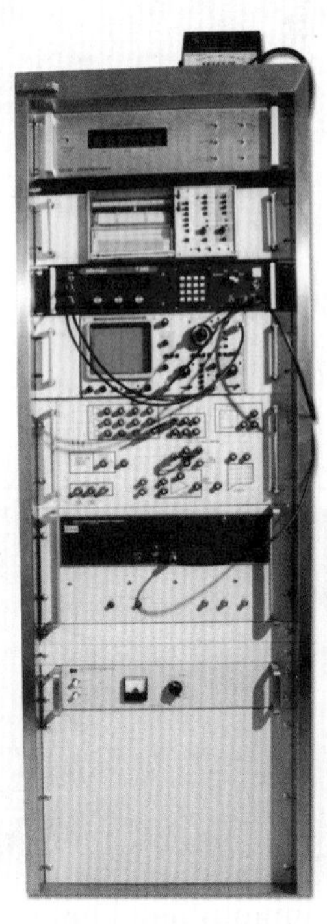

1980 年天文台首次装置的铯原子钟，用于订定香港标准时间及提供本地授时服务

1966 年，天文台安装了一座石英报时系统来代替摆钟。每日与世界其他中心的报时信号作比较，将准确度维持在 80 毫秒内。同年，天文台开始以 95 兆赫频率直接播出 6 响报时信号，并于 1989 年 9 月 16 日停止运作，由香港电台继续播出，一直延续至今。

1980 年，天文台购置一套铯原子钟报时系统，准确度为每日 1 微秒以内，并可溯源至日本通信综合研究所的基本标准。

2004 年，香港天文台安装了一套高准确度授时系统，利用全球定位系统（GPS）共视方法，向国际度量衡局提供香港天文台的原子钟时间数据，参与订定协调世界时。香港天文台亦根据国际度量衡局提供的时间数据调校原子钟。

自 2019 年起，香港天文台铯原子钟报时系统的准确度提升至每日 0.01 微秒以内。此准确度对于科学、工业及专业人士尤为有用。

（四）地磁观测

1968 年，香港天文台及香港大学物理系共同探索重建地磁观测站。同年，在“世界地磁勘测计划”（World Magnetic Survey Mission）之下，澳大利亚矿产资源、地质与地球物理局（Australian Bureau of Mineral Resources，即现在澳大利亚地球科学局的前身）的一位专家访问香港，并建议在远离磁场干扰的大老山建设地磁观测站。该站于 1971 年建成并开始运作，由天文台联同香港大学物理系共同进行测量，一直持续至 1982 年由于经费欠缺和人手不足而终结。

“磁偏角”（又称“磁向偏差”），即磁北方向和正北方向之间的夹角。这个数值可用于修正指南针的测量。应香港机场管理局要求，自 2010 年起，香港天文台与广东省地震局合作，每隔约 5 年在位于赤鱲角的香港国际机场进行地磁测量。

（五）热带气旋警告系统

1. 热带气旋警告系统的发展

20 世纪 30 年代后期，香港的本地台风信号系统开始采用 1-5-6-7-8-9-10 号的方案。二战后，香港的热带气旋警告系统因社会发展的需要而逐步转变。1956 年，香港天文台在 1 号戒备信号和 5 号烈风信号之间重新加入 3 号强风信号。

为了避免公众对风力及风向信号混淆，自 1973 年起，香港天文台以 8 号西北、8 号西南、8 号东北和 8 号东南四个信号分别取代本地热带气旋警告系统的 5 号至 8 号烈风信号，成为香港热带气旋警告系统的 1–3–8–9–10 方案，一直沿用至今。

随着香港天文台使用无线电向船舶发出非本地台风警告信号，原来以目视为基础的非本地台风警告信号于 1961 年 6 月底停止使用。

此外，香港天文台曾于 1950 年 1 月推出“本地强风信号”，并以黑球表示，用以警告船艇有关季候风及较弱热带气旋所引致的强风。1956 年 4 月 15 日，香港天文台推出强烈季候风信号（黑球）及三号强风信号（倒转 T 字符号）代替“本地强风信号”，以分辨在季候风及热带气旋情况下使用的强风警告。

随着通信科技的发展，只能传递有限信息的目视信号站已无法满足使用需求，所以香港天文台自 20 世纪 70 年代后期起开始陆续关闭信号站。香港天文台总部悬挂信号的桅杆于 1978 年拆除，以配合新大楼建设。而位于长洲的全港最后一个信号站于 2002 年 1 月 1 日关闭，标志着香港悬挂实体台风警告信号时代的终结。

除了不断完善热带气旋信号系统外，天文台还不断提高热带气旋预报的准确度。1978 年，热带气旋路径及强度预报长度为 2 天，2003 年增至 3 天，2015 年更延长至 5 天。另外，自 2017 年起，香港天文台推出“热带气旋路径概率预报”服务，提供未来 9 天热带气旋移动路径的概率，让公众及早掌握热带气旋的移动趋势，以作好相应的准备。

2. 风暴潮预警服务

热带气旋除带来狂风大雨外，亦会带来风暴潮，导致沿海区域出现严重水浸。2008 年 9 月 23 日，台风“黑格比”在香港西南偏南 180 千米处掠过，令香港多处海边低洼地区遭水淹，而位于大屿山西部的大澳的灾情更是 21 世纪以来最严重的一次。为应对风暴潮，香港天文台自 2009 年开始为大澳严重水浸紧急应变计划提供预警。其后，这项风暴潮预警服务逐步扩展至香港其他多个容易受风暴潮影响的区域，以便政府相关部门尽早启动紧急应变计划，减少风暴潮带来的严重影响。

20 世纪 50 年代香港天文台总部的航拍照片，悬挂热带气旋警告信号及强烈季候风信号的信号杆（照片右侧）清晰可见

工作人员于香港天文台总部悬挂十号飓风信号

香港百年來數字颱風信號系統的演變
Evolution of the numbered typhoon signal system in Hong Kong over the past 100 years

1917

1	戒備 Stand By
2	偏北烈風 N'ly gale
3	偏南烈風 S'ly gale
4	偏東烈風 E'ly gale
5	偏西烈風 W'ly gale
6	烈風風力增強 Gale expected to increase
7	颶風 Hurricane

† 從1935 年起停止使用 Obsolete since 1935

‡ 1935 至1955 年期間停止使用，從1956 年起採用為強風信號。Obsolete during 1935-1955. Adopted as strong wind signal from 1956 onwards.

* 不適用於香港 Not applicable to Hong Kong

符號於1935 年更改為 Changed to in 1935

^ 符號於1935 年更改為 Changed to in 1935

1931

1	戒備 Stand By
2†	西南強風及有狂風 Strong wind with squalls from SW
3‡	東南強風及有狂風 Strong wind with squalls from SE
4*	颱風構成威脅，但對本地暫時無影響 Typhoon dangerous, but danger to locality not imminent
5	西北烈風 NW'ly gale
6	西南烈風 SW'ly gale
7#	東北烈風 NE'ly gale
8^	東南烈風 SE'ly gale
9	烈風風力增強 Gale expected to increase
10	颶風 Hurricane

1973 至現在 To present

1	戒備 Stand By
3	強風 Strong wind
8 西北 NW	西北烈風或暴風 NW'ly gale or storm
8 西南 SW	西南烈風或暴風 SW'ly gale or storm
8 東北 NE	東北烈風或暴風 NE'ly gale or storm
8 東南 SE	東南烈風或暴風 SE'ly gale or storm
9	烈風或暴風風力增強 Increasing gale or storm
10	颶風 Hurricane

1987年開始，天文台在發出8號信號之前的兩小時內發出預警信息。

Starting from 1987, the Observatory would issue the Pre-No.8 Special Announcement to give an advance notice to the public when the No.8 signal was expected within two hours.

香港百年来数字台风信号系统的演变

（六）天气服务发展和现代化

1. 天气预报服务

自 1892 年起，香港天文台开始提供的天气预报长度为 24 小时。随着预报技术的发展，天文台亦逐步延长天气预报的长度，1983 年为 3 天，1998 年为 4 天，2000 年为 5 天，2003 年为 7 天，之后在 2014 年延长至 9 天。另外，自 2013 年起，天文台通过“香港自动分区天气预报”网页，向公众提供香港及珠三角区域未来 9 天每小时自动分区天气预报。天气预报服务在空间和时间上更加精细化。

为应对各种恶劣天气、提升警告服务、保障市民安全和社会各机构运作，天文台在 20 世纪 90 年代开发了一套名为“小涡旋”的临近预报系统，于 1999 年投入运作。该系统在世界气象组织举办的 2008 年北京奥运预报示范项目中崭露头角，之后进一步支持 2010 年上海世界博览会、2010 年新德里英联邦运动会和 2011 年深圳世界大学生运动会等大型活动。除了支持恶劣天气预警外，临近预报的产品还被用作加强网上天气服务。香港天文台在其网站和“我的天文台”手机应用软件中推出未来 2 小时降雨预报和 1 小时闪电临近预报，让公众更方便地获得高影响天气的预测信息。

2017 年，香港天文台推出“延伸展望”预报服务，提供未来 14 天每日最低和最高温度的概率预报，之后于 2019 年推出平均海平面气压的概率预报，方便公众掌握未来的天气变化趋势。

2. 天气警告服务

除了热带气旋警告外，香港天文台还提供其他的恶劣天气警告服务。1966 年 6 月发生的雨灾给香港带来严重的经济损失和人员伤亡，翌年，天文台开始发出雷暴及大雨警告。1992 年 5 月 8 日早上香港出现一场暴雨，天文台一小时记录的雨量接近 110 毫米，创下当时每小时雨量最高纪录，当日全港多处发生严重水浸、山泥倾泻，部分地区交通瘫痪，更有市民不幸遇难。这场暴雨促成了新的暴雨警告信号系统的设立，系统在 1998 年更新。更新后的暴雨警告信号分三级，以黄色、红色、黑色表示，黑色暴雨警告信号为最高级。香港地少山多，当夏天下暴雨时，每每带来山泥倾泻。香港在 20 世纪 70 年代发生过多起严重的山泥倾泻事故，造成很多财产损失及人员伤亡。天文台在 1977 年增加了发给应急机构的山泥倾泻警告，该系统在 1983 年被简化和开

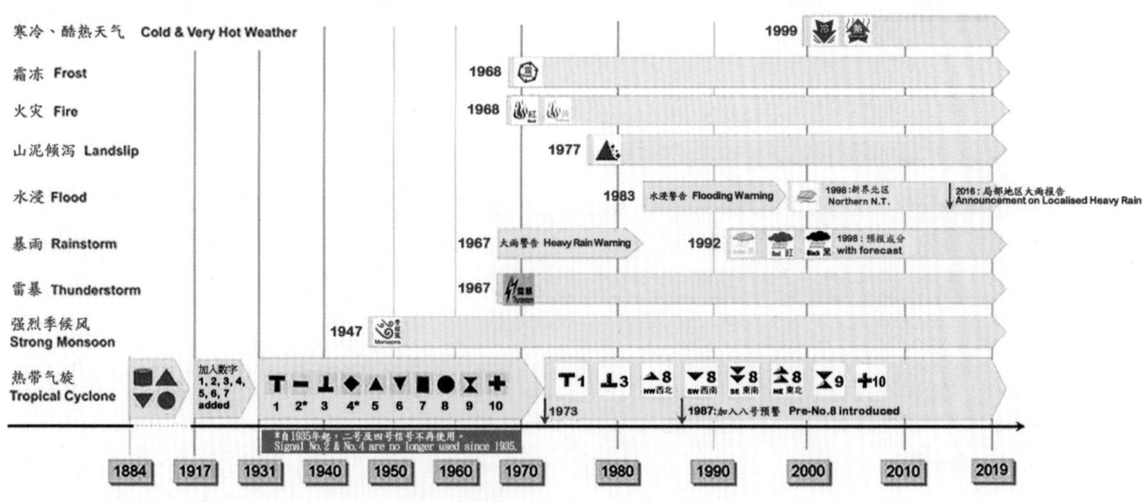

天气警告服务不断切合市民所需（1884—2019 年）

始向公众发报。香港天文台在同年亦引入水浸警告信号系统，警示大雨引致水浸的风险。这水浸警告信号系统在 1992 年引入暴雨警告系统时取消。

除降雨相关的警告外，天文台在 1972 年开始发出以颜色为基础的火灾危险警告信号。1999 年增加了寒冷天气警告，照顾患有呼吸道疾病及年幼和年老者的健康。同年推出酷热天气警告，提醒市民中暑的危险。

近年来，香港天文台还在天气情况未达到需要发出天气警告时，及时向公众发布“特别天气提示”，如“炎热天气特别提示”“局部地区大雨报告”等，提醒市民和相关部门作出相应的防御措施。

3. 质量管理

香港天文台致力以科学保障生命安全，并提供以人为本的优质服务，以提高社会防御天灾及应变能力。2017 年，香港天文台的天气预测及警告服务获颁发国际标准化组织认可的 ISO 9001:2015 质量管理体系认证，成为区内首批获此认证的气象中心。

4. 季度预报和长期预报

天文台除了提供 9 天天气预报外，还向公众提供长期预报。在 20 世纪 70 年代，天文台为香港水务署提供定量长期雨量预报，以支持水资源管理工作。随

SGS
香港天文台
Hong Kong Observatory
Hong Kong Observatory
Central Forecasting Office
香港天文台天氣預測總部
ISO 9001:2015

香港天文台天气预测及警告服务获 ISO 9001:2015 质量管理体系认证

着市民及传媒对长期预报的需求日增，天文台于21世纪初开始向公众发布全年天气展望，预报内容包括香港年雨量等级和每年影响香港的热带气旋数目。天文台于21世纪初开始在网上发布季度预报，内容包括季度平均气温和总雨量等级的预测。

5. 信息发布及公众沟通

随着科技的发展，香港天文台的服务在过去130多年来不断与时俱进，从早期利用实体台风信号、报纸、电台，到后来利用电视台、电话，及近期采用互联网、移动应用程序及社交媒体等不同渠道，将天气信息有效地传递给市民。

二战结束后初期，天文台发布的天气报告及预报，每天两次分别以中、英文经香港电台广播。20世纪50年代后期，每日的广播次数逐渐增多。自1960年起，天文台为当地渔民制作华南沿岸一带渔业区的24小时天气预报，并经香港电台用粤语向渔民广播。

时代的巨轮不断向前，公众对天气信息的需求亦不断增加，天文台亦应用最新科技为市民提供天气信息服务。20世纪80年代，天文台使用当时先进的通信设备，设立“打电话问天气”自动电话查询系统。自1987年起，天文台开始提供电视天气服务，初期，由科学主任每星期一次到电视台录制电视天气节目，随着服务逐渐发展，天文台在其总部设立录影室，一星期六天提供电视天气服务。从2013年开始，在常规电视天气节目外，香港天文台每星期还拍摄一期名为“气象冷知识”的教育视频，加强科普教育。

自1987年起，香港天文台的科学主任开始主持电视天气节目，通过电视机把天气信息带进每家每户，深入民心

随着互联网的发展，香港天文台早在1996年建立了网站，之后不断加强网站内容建设。2010年初，香港天文台推出手机应用程序“我的天文台”，其使用量在2013年首次超越天文台网站。

2009年，香港天文台开始在视频分享网站“优兔”（YouTube）上设立频道（hkweather），每周通过视频向公众讲解与气象有关的知识。除了视频分享网站外，自2010年开始，香港天文台通过社交媒体网站推特（Twitter）、微博、微信等向公众提供天气信息。2018年3月更推出“香港天文台HKO”脸书（Facebook）专页及“hk.observatory”照片墙（Instagram）平台，不仅可以更有效地发布信息，还能应用更具创意的方式解释气象知识，加强与市民互动。

6. 气象资料交换

香港天文台通过世界气象组织全球电信系统交换气象资料。1969年，香港天文台与日本气象厅携手建立香港—东京地区性专用通信线路，双方开展实时气象资料交换工作。随后数年，香港天文台逐步和其他地方的气象部门开拓气象资料交换工作，并分别在1970年及1975年建立香港—北京及香港—曼谷地区性专用通信线路，进一步扩展香港天文台与其他气象部门的联系，支援日益频繁的国际气象资料交换。1999年，香港天文台与澳门地球物理暨气象局共同建立香港—澳门专用电路，加强双方气象资料交换。随着全球电信系统迅速的扩展，这些通信线路的速度亦不断提升。另一方面，鉴于部分网络出现重复，香港—曼谷专用通信线路于2001年停用。到了20世纪90年代，互联网逐渐兴起，香港天文台通过互联网取得世界各地提供的气象资料，并于2012年与泰国气象局再度连接起来，利用互联网进行气象资料交换。除了交换气象资料之外，香港—北京的专用电路亦同时支援香港天文台与中国气象局的视频天气会商。随着互联网技术的发展，气象资料的传输也越来越方便快捷，数据承载量亦得到明显的提升，为传输数据量庞大的气象数据带来显著效益。香港天文台通过互联网以及世界气象组织信息系统与国内外多个气象中心，包括中国气象局、欧洲中期天气预报中心、日本气象厅等连接起来，获取由这些中心提供的数值预报模式产品和数据、气象卫星数据及天气雷达数据等。随着大数据在近年的兴起，这些数量庞大的气象数据成为香港天文台踏入大数据进程中重要的一步，亦为天气大数据的发展奠定稳固的基石。

（七）国际交流

1950 年 3 月 23 日，世界气象组织成立，取代国际气象组织，香港天文台随即成为世界气象组织的一名会员。1968 年，联合国亚洲及太平洋经济社会委员会和世界气象组织属下的台风委员会成立，香港天文台是创始会员之一。1997 年 7 月 1 日，香港回归祖国，在国家的支持下，香港天文台继续享有世界气象组织的会员身份，为持续参与国际事务奠定了重要基础。

千禧年代之初，香港天文台为世界气象组织开发了“恶劣天气信息中心”和“世界天气信息服务”两个网站，为世界各地的官方气象机构提供了一个集中发布权威警告信息和天气预报的渠道。2011 年，天文台代表世界气象组织推出首个提供全球最新官方天气资讯的手机应用软件“MyWorldWeather”。此后，天文台受世界气象组织委托，开发《国际云图》网络版（http://cloudatlas.wmo.int/），建立网上平台，收集世界各地提供的照片，并于 2017 年推出内容大幅扩充的新版《国际云图》。2018 年，天文台与世界气象组织签订谅解备忘录，同时推出新版本的“恶劣天气信息中心”（SWIC 2.0）网站，用以汇集世界各地官方气象警告信息，并与中国气象局合作推出世界气象组织“亚洲多灾种预警系统”。

香港天文台曾主办世界气象组织第二区域协会（亚洲）第十三次届会（2004 年）、航空气象学委员会第十四次届会（2010 年）、台风委员会第四十五届会议（2013 年）、第四届国际临近预报及超短期预报专题研讨会（2016 年）等重要国际会议。天文台亦积极参与世界气象组织举办的培训或技术工作组，派出专家讲解各个气象范畴的最新发展，共同协助世界各地气象部门建立或提升预报系统、发展业务应用和相关的警告服务。

前香港天文台台长林鸿鋆博士和林超英先生均曾任世界气象组织第二区域协会（亚洲）副主席，前台长岑智明先生则曾担任两届共八年的世界气象组织航空气象学委员会主席，并于 2019 年获选为世界气象组织重组后的天气、气候、水及相关环境服务与应用委员会（服务委员会）联合副主席。香港天文台多名职员亦曾出席世界气象组织、国际民用航空组织、联合国政府间气候变化专门委员会、联合国教科文组织政府间海洋学委员会、台风委员会等国际组织的各类会议，并担任委员会主席、工作组联络员、工作组报告员和成员等，为气象和相关科学做出了贡献。

2018 年，香港天文台被世界气象组织指定为亚洲区的临近预报区域专业气象中心，为气象水文部门提供实时临近预报产品、社群版小涡旋临近预报系统，以及相关的专业培训课程。香港天文台亦于同年被世界气象组织指定为多普勒激光雷达在航空应用上的试验平台。

为促进与世界各地气象部门的气象数据交换、协同发展和交流培训等，香港天文台先后与韩国（2012 年）、法国（2015 年）、菲律宾（2015 年）、泰国（2017 年）、缅甸（2018 年）和越南（2018 年）等国家的气象水文部门及柬埔寨（2018 年）的民航气象部门签署合作谅解备忘录。

（八）国内合作

早在 1975 年，香港与北京就建立了交换气象数据的直接通信线路。

1982 年香港天文台与国家气象局开始探讨有关在广东省担杆列岛建立一个自动气象站的建议，以提高粤港两地台风季节的气象观测和预报预测能力。该建议于 1984 年获得相关部门批准。1984 年，香港天文台与广东省气象局签署在香港以南的黄茅洲岛上建立自动气象站的合作协议。

1985 年 7 月 10 日，粤港联合建设的首个自动气象站在珠江口的无人岛黄茅洲上落成。当天 20 时，该站首份气象观测资料传送至粤港两地。自 1985 年起，香港天文台和广东省气象局开始轮流主办粤港重要天气研讨会，1989 年，澳门加入。这个研讨会后来发展为粤港澳每年轮流举办的气象业务合作会议及气象科技研讨会。

1996 年，香港天文台与中国气象局签署了气象科技长期合作谅解备忘录，2001 年，双方签署《中国气象局与香港天文台气象科技长期合作安排》。2012 年，香港天文台与深圳市气象局签署《数值天气预报技术长期合作协议》，并于 2014 年与广东省气象局签署《气象科技合作协议》，于 2016 年与上海市气象局签订合作计划，于 2017 年与海南省气象局签订合作计划。

2018 年，由中国民用航空局、中国气象局及香港天文台联合建设的“亚洲航空气象中心”正式运行，旨在为亚洲区内航空业界提供优质的气象服务，提升飞行安全和效率。

2019 年，国家海洋环境预报中心邀请香港天文台设立“南中国海区域海啸预警中心”的备份中心。香港天文台已接受邀请，着手开展备份中心的筹建工作。该中心建成后，将为中国南海周边国家提供海啸预警服务。

近年来，粤港澳交流日趋频繁，研讨会和培训课程多不胜数。除共享实时观测数据以及暑热压力测量技术外，粤港澳三方于 2005 年合作建成闪电定位网络，并从 2011 年开始推出“大珠三角天气网站”，为珠三角地区公众提供最新的天气警告、预报和实况观测。2019 年，“大珠三角天气网站”加强成为“大湾区天气网站”，天气资讯服务涵盖香港、澳门两个特别行政区，以及广东省广州、深圳、珠海、佛山、惠州、东莞、中山、江门、肇庆共 11 个城市 60 多个地区，天气预报也延长到了 7 天，为穿梭于各地的市民提供便捷可靠的优质气象服务。

（九）结语

21 世纪的香港，狂风暴雨只能影响日常生活，不可能再肆意破坏市民的生命财产，因为大众的防灾意识相当高，只要知道天气稍有变化便会马上做好防御工作，这对信息的准确性及传递的速度就有了一定的要求。社会对恶劣天气防御能力及市民防灾减灾意识的提高，象征着香港在文化及经济两方面的进步。近年来，香港天文台提供的天气服务信息更包括了改善个人身体健康及生活环境的相关内容，包括辐射监测、寒冷、酷热天气警告和紫外线监测等服务，这是最好的例证。

香港天文台强调气象资料的科学化与现代化的研究方针，使天文台的服务早在 20 世纪 20 年代已获得国际气象组织认可；其所引入的气象观测方法，本着科学研究的执着与坚持，使气象知识能突破中西文化的差异，独当一面，得到当地社会的认同。

香港能成为一个信息开放的社会，对西方文化包容与吸收，是经过一百多年的揣摩与认知，气象知识融入香港文化的过程，正是中西文化融会贯通的写照。

注：

① 本文参考了以下报告：

李子祥，2016. Metadata of Surface Meteorological Observations at the Hong Kong Observatory Headquarters 1884-2015，香港天文台技术报告 108 号。

吕永康，李子祥，岑智明，2018. Evolution of the Tropical Cyclone Warning Systems in Hong Kong since 1884，香港天文台技术报告 109 号。

② 本文图片除标注外均由香港天文台供图。

第二章 大连气象站

晚清时期，大连地区先后隶属海城县、盖平县管辖，海运发达。大连的金州与山东、浙江等地商贸交易繁荣，旅顺则是一个规模较大的渔港，货运商船多在羊头洼港转泊。1713 年，清政府在旅顺口建立水师营，渐渐地，水师营附近便成为一个集贸市场，也是旅顺港的商业中心。

大连城市的历史与中国的近代史紧密相连。1898 年，沙俄在大连开埠建市，对大连实施了近 7 年的殖民统治。日俄战争后，大连又被日本殖民统治长达 40 年。日俄两个帝国主义列强为了服务于军事目的，更为了长期侵占大连的野心，都曾在大连建立气象台站，配合其对中国的军事占领和经济掠夺。但大连开展近代器测气象观测的历史还可以追溯到更早——1894 年大连旅顺口老铁山灯塔所附设的测候所。

第一节 老铁山灯塔测候所

（一）天然良港大连湾

大连旧称青泥洼，原本是一个小渔村，人们耕田打鱼，过着自给自足的生活。然而，英国舰船的到来打破了小渔村的宁静。19 世纪 30 年代，满载鸦片的英国商船从中国的东南沿海“破门而入”，一直北上到东北沿海的各海口，在貔子窝、和尚岛、大孤山等地走私鸦片，致使许多乡民染上了吸食鸦片的恶习。第一次鸦片战争后，英国舰船侵入大连湾，在复州、长兴岛、老铁山、小平岛、青泥洼（大连）一带海上航行，通过上岸换取牛羊鸡鸭等食物，了解地形地貌、海上防备情况，并测量水深。第二次

1860 年的大连全景（由英军随军记者比亚托（Felice Beato）摄于 1860 年 7 月 21 日）

鸦片战争期间，英军及英法联军多次侵扰大连沿海，大连虽然不是主战场，但是英军把大连地区的各港口变成了他们进军京津的舰船补给地与集结地。

据当时随军参战的英国侵华“远征军”军需副助理加内特·沃尔斯利撰写的《1860年对华战争纪实》中记载，大连湾“位于渤海湾的东岸，面朝东南方向，大约有八英里宽，内部有一两个稍小一点的海湾，在那里，船只可以全天候安全航行……在一两处我们发现几条小溪，如果合理加以利用，倒是可以为我们提供淡水……这里易守难攻。海角上有个村庄，可以为少量军队提供住宿。我们把这个地方选为后方的军需库，我们立即动手修建防御工事”。可见，正是由于大连有着优良的气候条件，以及非常理想的地理环境，才被入侵的英军选为补给基地。

（二）设立老铁山灯塔测候所

第二次鸦片战争失败后，清政府中的有识之士开始倡导建设清朝海军，确定军港的地理位置至关重要。1879年，北洋通商大臣李鸿章受命创建北洋水师，在山东刘公岛和大连旅顺口兴建军港，筑造战略防务。1880年，清政府在旅顺口斥巨资为北洋水师建设军港。

1881—1894年，李鸿章曾8次视察旅顺口，在这里修军港、筑船坞，建海岸和陆路炮台，开办水雷、鱼雷和管轮学堂，设置海军公所。为保护港口和停泊在此的北洋舰队，工程局还配套修筑了9座沿海炮台，以及围绕在旅顺侧后的17座陆基炮台和配套的大量营房、弹药库……修葺一新的旅顺口赢得了“东亚第一要塞”的美名。随着旅顺军港的营建，电报局、军事学堂、医院、公署、官衙和私宅逐步建立，旅顺迅速由小渔村迈向一座现代化的港口城市。所以人们都说，先有旅顺、后有大连。

为保障北洋水师出行安全，同时也为了给频繁经过这里的商船、货船和渔船提供导航便利，1893年，由清政府海关出资，在老铁山西南近海平缓处建造了一座灯塔，这就是老铁山灯塔。关于旅顺老铁山灯塔建造之事，1891年4月，丁汝昌致函清政府海关总税务司赫德称：“奉天旅顺口向为北洋军艘常川之所，兹经贵关于口门右首设立灯塔，行驶良多裨益。唯查西口之老铁山，为赴该口轮船必经之路，一带奔溜甚急……似宜添置灯塔一座……拟仍归贵关一律建制，派人看管。如承允可，希即见复，以便

老铁山灯塔

呈请中堂咨照贵总税司核夺饬办。”老铁山灯塔的建设由英国人完成勘测和修筑任务，法国巴比埃公司获得灯塔订单。老铁山灯塔从筹议到建成，历时两年之久。

1893 年，旅顺老铁山灯塔建成。后因一次大风，英国怡和船务公司的 10 艘轮船有两艘沉没，怡和公司的经理建议海关总税务司赫德在老铁山建立测候所。于是，在老铁山灯塔同一地点建立了测候所。1894 年 1 月，测候所开始观测。1894 年 4 月至 1898 年 4 月（观测记录时间大致为 1894 年 1 月至 1898 年 4 月）这 4 年的资料现存于中国气象局档案馆内。这是迄今为止见于史料记载的关于辽东半岛南端气象台站及其气象资料的最早记录。

第二节　百年观测溯源

（一）沙俄建立的气象观测所

1894 年，中日甲午战争爆发，清政府在洋务运动中建立的北洋水师的坚船利炮并没有阻挡住帝国主义列强的侵略。1894 年 11 月 7 日，侵华日军攻陷大连，11 月 21 日攻陷旅顺。随后日本开始侵占辽东半岛，实行军事统治。1895 年 4 月，清政府被迫与日本签订《马关条约》。

日本对中国东北的侵占，触犯了其他帝国主义列强的侵略利益，首先大大损害了沙俄在远东的利益。俄国、德国和法国为了自身利益，以提供“友善劝告”为借口，迫使日本把辽东还给清政府。辽东半岛的南端有诸多天然的海湾，最大的就是大连湾。大连湾具有深水、不冻、不淤泥等优越的自然条件，西部有马栏河，可以为未来在此建设的城市提供淡水资源。而旅顺港又是一个天然不冻港，非常适合沙俄的太平洋舰队在冬季使用。所以，沙俄一直都觊觎大连和旅顺，对旅大地区虎视眈眈。1897 年 12 月 24 日，沙俄以劝说日本“还辽”有功为由，派出军舰强占旅大。1898 年 3 月和 5 月，沙俄迫使清政府签订《旅大租地条约》和《续订旅大租地条约》。这两个条约规定，旅顺、大连及其附近水域租与俄国，为期 25 年。

沙俄取代日本侵占大连后，最初计划在大连湾的北岸柳树屯一带建港，因施工前发现沿岸海底泥沙较大，久而久之有被泥沙淤塞的危险，且腹地狭窄，不利于市街的

大连市第一任市长萨哈罗夫

1902 年大连城市雏形

发展，于是改变计划，经过考查，认为青泥洼的风向、气候都适合改建。1899 年 7 月，根据沙皇尼古拉二世的命令，沙俄将青泥洼改为达里尼，设为特别市，尼古拉二世任命的第一任市长，是设计建设这座城市的建筑师萨哈罗夫。到 1905 年日俄战争结束时，这里已开发出约 6 平方千米的城市中心区，人口 4 万多人。

沙俄为了达到长期统治的目的，更好地为其政治、军事、经济、文化等方面服务，1902 年，在今大连市中山区滨海街、创造街一带建立了气象观测所。据推测，气象观测应该是持续到了日俄战争爆发时期，但一直未发现此期间的气象观测资料。气象观测所后来被日本人接管。根据日本国会图书馆的一份影像档案，1906 年 9 月，浦潮巷日本贸易事务馆接到一个名叫尼古拉耶夫的俄国人求助，请求查找他在战争结束撤退时遗留在气象观测所的一些资料，包括有关其他气象观测所的文件和资料。尼古拉耶夫声称那些资料是自己毕生学术研究所用，希望日方帮助寻找，但是最终没能找到文件。

1902 年沙俄建立的气象观测所（1904 年 10 月 13 日大连观测所迁至此处）

（二）百年观测正式开始

1904 年 2 月 8 日，日俄战争爆发。战争伊始，日本天皇借口所谓研讨战况的需要，迫不及待地给日本中央气象台连发两道在中国东北和朝鲜地区设立和扩充气象观测网点的敕令（第 60 号、第 88 号）。1904 年 5 月，侵华日军攻占了本为沙俄占据的大连。1904 年 9 月 7 日，日本中央气象台在当时的露西亚街设立了第六临时观测所，并开始观测。根据 1904 年 7 月 28 日日本天皇颁布的 188 号敕令，日本中央气象台设置临时观测所技师（台长）1 人，临时观测技手（上官）由 15 人增加到 43 人，并设置临时观测所书记（事务）2 人，相当于在之前 60 号敕令的派驻朝鲜 15 人外增加了 28 人，其中还包括向清政府六处领事馆开设的临时办事处派遣临时观测员（每处 1 名），并制定气象观测规程、气象电报规程。

1904 年位于乃木町二丁目的大连观测所

大连有正式气象记录就是从 1904 年开始的，观测一直持续到 1945 年日本宣布投降，共有连续 40 年的气象观测记录，因此，大连气象站申请中国百年气象站与世界气象组织百年气象站认定也是从这个时间节点算起的。1904 年 9 月 7 日开始观测时，观测所位于当时所称的乃木町二丁目（今大连中山区胜利街、兆麟街附近）。由于此时日俄交战正酣和气象设备不全等诸多因素，日本借用了 1902 年沙俄建立的观测所（今大连市中山区滨海街、创造街一带），并于 1904 年 10 月 13 日迁至该处。

1905 年 1 月 27 日，日本辽东守备军司令部发布第三号命令，自 2 月 11 日起改青泥洼为大连市。“大连”作为城市的名称从此载入史册。1905 年 5 月 26 日，日本人从原旅顺军政公署借用俄国人的房屋，在旅顺黄金台设立了第六临时观测所的派出机构，并于 7 月 17 日开始观测。1905 年 9 月，战败的俄军将旅顺和大连的租借权“转让”给日本，大连地区遂被日本殖民统治。

1906 年 9 月 1 日，日本天皇颁布第 196 号敕令，实行关东都督府官制，于即日成立“关东都督府”，各临时观测所及派出机构移交给关东都督府统辖。日本中央气象台

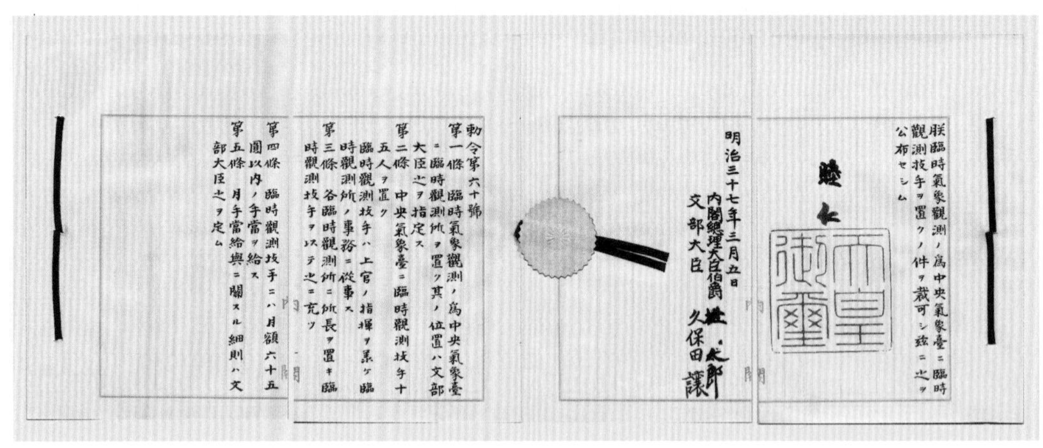

朕臨時氣象觀測ノ爲中央氣象臺ニ臨時觀測技手ヲ置クノ件ヲ裁可シ玆ニ之ヲ公布セシム

睦仁

天皇御璽

明治三十七年三月五日

内閣總理大臣伯爵 桂太郎

文部大臣 久保田譲

勅令第六十號

第一條 臨時氣象觀測ノ爲中央氣象臺ニ臨時觀測所ヲ置ク其ノ位置ハ文部大臣之ヲ指定ス

第二條 中央氣象臺ニ臨時觀測技手十五人ヲ置ク

臨時觀測技手ハ上官ノ指揮ヲ承ケ臨時觀測所ノ事務ニ從事ス

第三條 各臨時觀測所ニ所長ヲ置キ臨時觀測技手ヲ以テ之ニ充ツ

第四條 臨時觀測技手ニハ月額六十五圓以内ノ手當ヲ給ス

第五條 手當給與ニ關スル細則ハ文部大臣之ヲ定ム

日本天皇颁布的关于建立临时测候所的第 60 号敕令

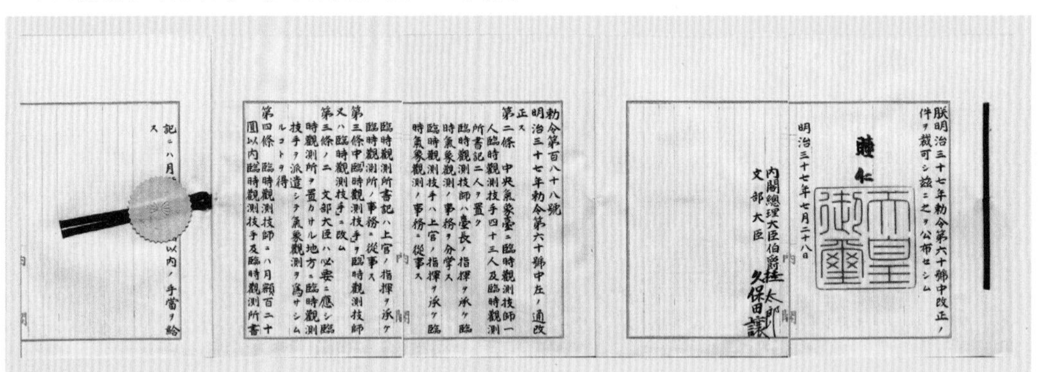

朕明治三十七年勅令第六十號中改正ノ件ヲ裁可シ玆ニ之ヲ公布セシム

睦仁

天皇御璽

明治三十七年七月二十八日

内閣總理大臣伯爵 桂太郎

文部大臣 久保田譲

勅令第百八十八號

明治三十七年勅令第六十號中左ノ通改正ス

第二條 中央氣象臺ニ臨時觀測技師一人臨時觀測技手四十三人及臨時觀測所書記二人ヲ置ク

臨時觀測技師ハ臺長ノ指揮ヲ承ケ臨時氣象觀測ノ事務ヲ分掌ス

臨時觀測技手ハ上官ノ指揮ヲ承ケ臨時氣象觀測ノ事務ニ從事ス

臨時觀測所書記ハ上官ノ指揮ヲ承ケ臨時觀測所ノ事務ニ從事ス

第三條中「臨時觀測技手」ヲ「臨時觀測技師又ハ臨時觀測技手」ニ改ム

第三條ノ二 文部大臣ハ必要ニ應シ臨時觀測所ヲ置カサル地方ニ臨時觀測技手ヲ派遣シテ氣象觀測ヲ爲サシムルコトヲ得

第四條 臨時觀測技師ニハ月額百二十圓以内臨時觀測技手及臨時觀測所書記ニハ八月[illegible]以内ノ手當ヲ給ス

日本天皇颁布的第 188 号敕令

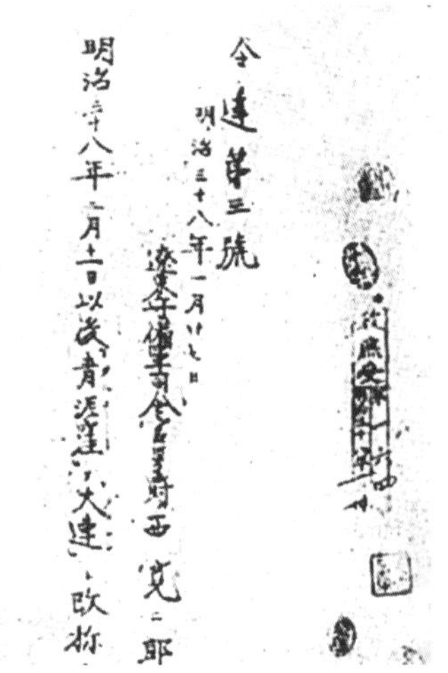

令達第五號

明治三十八年二月十一日

遼東守備軍司令官 西寛二郎

明治三十八年二月十一日以後青泥窪ヲ大連ト改称ス

1905 年 2 月 11 日，“青泥洼”改称“大连”

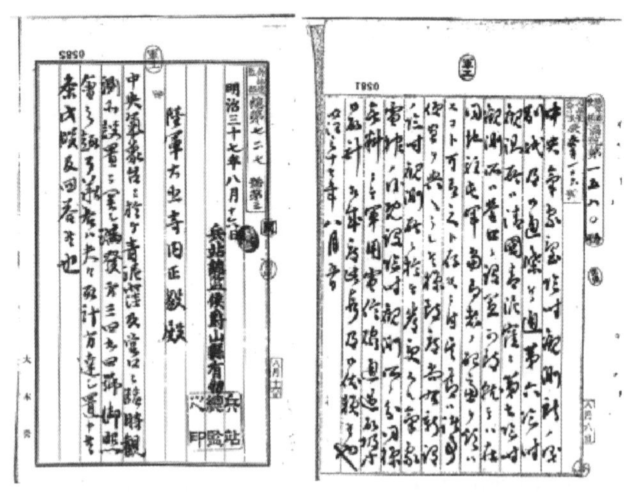

明治三十七年八月十六日

兵站總監 侯爵山縣有朋

陸軍大臣寺内正毅殿

第六临时观测所成立时的文件（部分）

管辖的大连、营口、奉天、旅顺临时观测所改称为“测候所”，通过颁布第 4 号布告，确定了测候所的位置为北纬 38°56′、东经 121°36′，海拔 13.8 米。1906 年 12 月 25 日，大连测候所迁至大连市中心以东 3 千米外的郊区寺儿沟新址，正式运行时间为 1907 年 1 月 1 日。与之前利用两栋既有建筑不同，寺儿沟新址是完全新建的观测所。

1908 年 10 月 30 日，日本天皇颁布第 273 号敕令，确定了关东都督府观测所体制。同年，颁布第 97 号布告，改组为大连观测所本所，营口、奉天、旅顺支所的组织体制。大连测候所更名为“关东都督府观测所”，也称大连观测所。1908 年 11 月，在长春增设支所。大连观测所是日本在我国东北地区从事气象活动的中心机构。1908 年 4 月 1 日，日本开始施行暴风雨标条例。条例规定，为确保船舶及航线的安全，日本海军、重要港口、测候所等设置暴风雨标，具体位置由日本文部省大臣确定。自 1911 年起，大连观测所及其旅顺支所陆续设立警报信号标。

1918 年 1 月 1 日，大连观测所再次搬迁，新址位于大连南山，当时的地址是大连市八幡町三十五番地，即现在的大连市中山区气象街 2 号大连气象观测站站址（北纬 38°54′、东经 121°38′，海拔 95.6 米），观测楼总面积 1080 平方米。

1906 年迁址到寺儿沟的大连测候所

关东都督府时期的大连观测所观测场

关东都督府时期的大连观测所旅顺支所

1911 年设立的关东都督府观测所信号标

1913 年设立的老虎滩暴风警报信号标

1921 年设立的大连埠头信号标

值得一提的是，1918 年建成的大连观测所，是一幢白色的 3 层小楼，一直使用到当代，2003 年 3 月，这栋楼才被拆除，并在原址扩建了新的业务楼，即现址的 7 号办公楼。楼的左右两侧均设有信号标塔，用于暴雨、暴风、授信等业务。

1938 年的关东观测所

1908 年，大连观测所有技师 1 人，技手 9 人；1912 年，大连观测所有技师 1 人、技手 4 人，而 4 个支所每个只设技手 1 人，本所与 4 个支所加起来共 9 人，人手少，工资也不高，对观测业务产生了一定的影响。1913 年 8 月 18 日，根据日本天皇颁布第 267 号敕令，大连观测所改为技师 1 人，技手 6 人。1918 年 4 月 5 日，根据日本天皇颁布的第 66 号敕令，大连观测所增加了两名技手，同时观测业务增加了标准时观测，并在大连港增加报时球警示。1919 年，日本天皇颁布第 94 号敕令，实行关东厅官制，将军事部门关东军分离出来，关东都督府观测所及各分所更名为关东厅观测所及其支所。

自 1925 年 1 月开始，南满洲铁道株式会社 27 个委托观测所的观测记录整理工作也加入到气象业务中，工作量显著增大。1926 年 6 月 9 日，日本天皇颁布第 157 号敕令，关东厅观测所增加两名工作人员，1 名书记负责事务性工作，1 名会计负责大连本所与其他 4 个支所会计事务。因无线电业务日益增多，再增加技术人员 1 人。1926 年 4 月，日本航空株式会社开通了东京—大连、东京—上海航空运输线，飞行当中需要实时的上层气流资料，于是日本在大连开始了上层气流的观测。1929 年，日本天皇颁布第 294 号敕令，增加 3 名专业技术人员从事上层气流观测。这是因为，当时日本政府认为上层气流观测除了在气象学和普通工农业、交通运输业具有价值之外，还涉及航空权、飞行航道的开拓、航空国防等，尤其在军事方面的作用极为重要。在所存的 1942 年、1944 年上层气流报告中，大连、旅顺、貔子窝（今皮口）均有观测。上层气流观测报告的右上角盖有“军资秘”字样，这是因为当时所做的这些上层气流的观测，主要是为日本的军事行动、军用航线需求提供服务的。

关东观测所上层气流观测业务用房

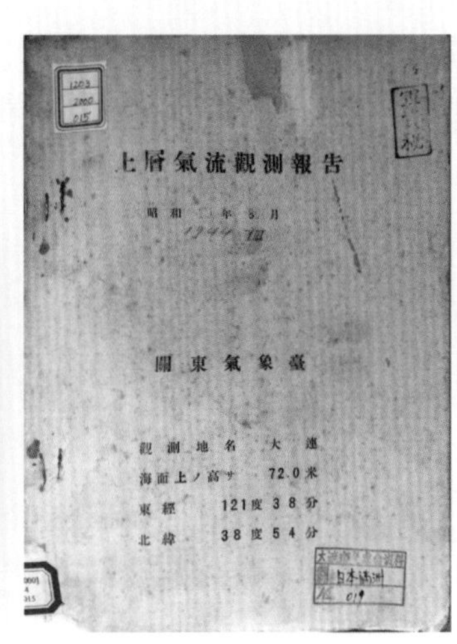

上層氣流觀測報告

關東氣象臺

觀測地名 大連
海面上ノ高サ 72.0米
東經 121度38分
北緯 38度54分

1944 年 8 月的上层气流报告

1934 年前后，关东厅观测所改称关东观测所。1938 年 10 月 29 日，日本天皇颁布第 705 号敕令，扩充关东观测所的机构，关东观测所更名为关东气象台，旅顺支所改称旅顺测候所，周水子支所改称周水子办事处。关东气象台成为日本驻伪满洲国特命全权大使担任总长的殖民统治机构关东局的直属部门，加强了气象机构的中央控制，增加了技师 1 名、技手 3 名。这主要因为，此时抗日战争已全面爆发，日本侵略中国的步伐大大加快，军事、航空方面对气象服务的需求越来越大。同时，由于日本与伪满洲国之间的航线增多，大连测风气球观测设施一部分转移到长春、奉天（沈阳），开始临时观测，并针对满铁线与四（平）洮（南）线交叉重点航线四平街（今四平市）上层气流观测增加了人员及设施配备。

1939 年 2 月 27 日，日本在貔子窝财神庙街（今皮口镇建设街）设立关东观测所貔子窝支所，1942 年，在普兰店南山街设立关东观测所普兰店支所。

由于人手紧张，日本不断招募观测练习生，并在 1922 年创立了日本中央气象台的气象官养成所。曾在伪满洲国中央观象台工作并被派驻日本参加日本中央气象台气象官养成所学习的 1 期的王赞焘、孙长津和 2 期的于淳德、5 期的侯安盛，在新中国成立后组建大连气象台时，都被招募来参加建台工作。

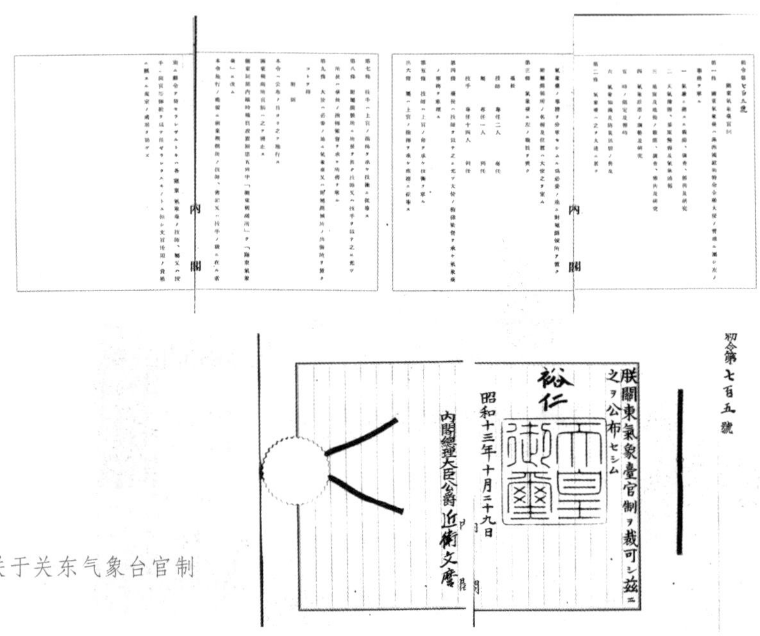
勅令第七百五號

朕關東氣象臺官制ヲ裁可シ茲ニ之ヲ公布セシム

裕仁 御璽

昭和十三年十月二十九日

内閣總理大臣公爵 近衛文麿

1938 年，日本天皇颁布关于关东气象台官制的第 705 号敕令

第三节 历经半世纪沧桑获自由

1945 年 2 月雅尔塔会议之后，根据《中苏友好同盟条约》有关规定，旅顺口作为纯粹的海军基地，仅由中苏两国舰船使用，为期 30 年。此后，旅顺、大连地区实际上成为苏联的军事管制区。旅顺口海军基地名为中苏共用，实为苏联独占。至于收回旅顺的问题，直到 1949 年中华人民共和国成立前夕才提上议事日程。几经周折，1954 年，中苏双方终于达成最终协议，规定苏军自旅顺口海军基地撤出，并将该地区的设备无偿地移交中华人民共和国。1955 年 5 月 25—27 日，苏联驻军指挥机关及陆、海、空三军约 12 万人分批撤离。至此，旅顺口结束了半个多世纪以来一直由外国人统治和管辖的历史。

1945 年日本投降后，关东气象台及旅顺测候所由苏联红军接管。大连气象台于 1952 年 1 月 1 日迁址到南山气象台旧址，经与苏军有关方面协商，决定将苏军占用的南山气象台及一切设备交大连气象台使用。原接管气象台的苏军依旧驻扎在气象台院内的防空洞内。据气象部门老同志回忆，苏联接管了南山气象台和旅顺气象台后，为了临时需要也进行观测和预报工作，但是气象资料并没有留给中方。

苏军在 1953 年移交气象台前，把一些不能带走的资料，如自记纸、观测簿报表等全部烧掉，其中主要是 1905—1945 年日本气象观测留下的资料。据辽宁省气象史专家韩玺山回忆，1945 年苏军进入东北，接收气象站的苏军向中方移交时，并没有移交观测资料。在 1990 年中苏应用气候学术会议上，韩玺山从苏方代表那里了解到，大连南山气象观测站主要资料都被带回了苏联，存放在敖德萨水文气象学院（敖德萨水文气象学院是乌克兰乃至独联体国家中最早的研究水文与气象的高等院校）。中国气象局原副局长程纯枢曾在访问苏联时向当时的苏联方面索要相关资料，但被苏方坚决拒绝。

第四节　新中国的大连气象台

新中国成立后，大连气象事业走过风风雨雨，经过一代代气象人的艰苦奋斗、不懈努力与无私奉献，大连气象台与新中国一起成长壮大起来，书写了波澜壮阔的篇章。

（一）起步，奠定基础

1. 建立大连气象台

根据 1949 年 9 月 17 日东北人民政府农林部的指示，以及 1950 年 1 月 24 日中国人民解放军东北军区司令部气象管理处《关于建立气象台的建议，希参照由》的文件，旅大行政公署农林厅开始筹建大连气象台。

1949 年 7—8 月，大连地区阴雨连绵 40 余天，洪水泛滥，又遭受强台风袭击，风力 9 ～ 10 级，阵风 12 级。全市农田普遍遭受重灾，倒房 4.5 万余间，死亡 175 人，大牲畜死亡 983 头；中长铁路停运 12 天。严重的气象灾害也使成立气象台站的重要性凸显出来，辽宁决定加速建设气象台站。

1950 年 2 月 2—10 日，旅大行政公署农林厅从有关单位选调王赞焘、孙长津、侯安盛、于淳德 4 名气象技术人员到气象台工作。2 月 20 日—3 月 15 日，甲种气象站的工作方案拟定并向上级报送，方案包括通报规程、报告规程、观测规程及全台事务规程、预算编制等。东北军区司令部气象管理处就选择台址、制定技术规程与管理制度、编制财务预算和招聘训练生等事宜作了明确部署。3—4 月，旅大行政公署农林厅先后从当时初、高中毕业生中招收了王作新、李素勤等 9 名学员，进行观测、报务、填图、预报等实际业务的短期培训。

气象台本拟使用南山旧站址，这个站址办公条件较好、设备完备，启用起来容易，但因当时房屋被苏军占用而未能实现，大连气象台只能利用位于沙河口区兴工街 886 号原日本神社的房屋作为临时用房。台址确定后，5 月 6 日，训练班停课，全部人员由旅大行政公署农林厅集中到兴工街，转入紧张的建台工作。

经过 3 个月的紧张工作，大连气象台克服了经费紧张、人员少、条件艰苦、设备简陋等困难，人员培训、台址选择、场地铺设、仪器安装、工作制度制定等各项工作

新中国大连气象站观测站址——原沙河口日本神社

一一完成，终于在 1950 年 6 月 1 日正式开始地面气象观测工作，当日 02 时向沈阳拍发了第一份气象电报。进入新中国新时代的大连气象工作从此走上正轨，从那时起，一直持续到今天，业务从来没有中断过。

建台初期，大连气象台主要的任务是为军事服务，为抗美援朝服务。因此，气象台全部的情报、资料均采用加密传输，并利用收集到的国内外有限的台站资料，填图分析预报。1951 年 3 月，大连气象台预报员使用杨鉴初等人研制的历史演变法正式试制长期预报，并向军事和政府部门发布。1951 年 8 月 1 日，为适应抗美援朝战争的需要，气象台增设高空风观测，开始试运行用小球测风的方式进行高空风观测，使用氢气球和经纬仪测量各层高度的风向、风速等，多数仪器设备是从苏联和东欧国家进口的，因为是试运行，所以资料不连续。为抗美援朝提供气象保障的任务结束后，大连气象台除了继续为军事部门提供情报和资料外，还增加了为民航部门拍发航空天气报告的任务。

大连气象台初建时，气象仪器简单。观测仪器大部分是东北军区司令部气象管理处供给的，还有一部分是在当地到处搜集解决的，比较简单，只能开展地面气象观测一般观测的任务。预报方面，最重要的气象资料要通过收报机收听国内外的气象电报，利用国内少数测站的记录进行填图、分析，尝试开展短期预报业务。预报工作的建立开展面临重重困难。根据人民群众生产生活的需要及旅大行政公署农林厅的指示，大连气象台必须要尽快发布天气预报，并且重点是要掌握台风的动向。从 1950 年 6 月上旬开始，大连气象台用收报机收听日本的气象通报，获取不完全气象资料，以此绘制天气图，但因收报机性能不佳，严重影响台站资料收集。为了能将天气预报业务正规化，6 月末，气象台向新华社大连分社借用了一台收报机，从 7 月 1 日正式开始利用收听的气象资料，绘制天气图，做出天气预报。但当时气象台每天只抄收分析 1 次 08 时地面区域图和 1 次 23 时 700 百帕高空区域图，信息少，人员技术水平低，预报很不准确。1951 年 11 月 21 日，受寒潮大风袭击，旅大地区发生了惨痛的海难事故，但当时大连气象台因条件有限，没有预报出强寒潮天气。经东北军区司令部气象管理处批准，1952 年 1 月 1 日，大连气象台正式开展天气预报工作。每天绘制 1 ～ 2 张东亚地面天气图，抄绘中央气象台广播的高空形势图，分析少量站点的高空风和探空辅助图表，发布 12、24 小时的天气预报、警报。1955 年 1 月 1 日，大连气象台正式开始经纬仪高空测风，一直到 1973 年底。

建台伊始，虽条件艰苦简陋，但是大连气象人不怕苦不怕累，干劲冲天，工作学习积极性非常高。1950 年，年仅 19 岁的李素勤，作为第一批大连气象站地面观测员，参与了新中国成立后大连气象观测站站址选择、场地铺设、仪器安装、工作制度制定等一系列工作。如今已是耄耋之年的李素勤回忆，对于那个年代，一个“苦”字最能概括。她说，她当年是看到报纸上的招工告示，自己报名到气象台，经考核录用的。刚建台时，她和同事从山上挖草皮，种植在观测场上，仪器也是自行安装。当时台里就她一个女同志，她住在一个厕所改造的房间，晚上睡觉常有老鼠从身上爬过，冬天取暖设备极其简陋。工作了一段时间后，李素勤因责任心较强，工作能力突出，被选为观测组组长。她是新中国大连气象史上第一个女观测员，也是第一个女观测组组长。1950 年，台里有几个人得了肺病，依然坚持工作，当时的团组织委员周岷源就是其中之一。周岷源一人身兼数职，接收报文、译出电文、填图等工作一肩挑，没有替班。然而他从不叫累，一直坚持工作。邱志国、胡文秀、崔范家、戴润琛等人也都是带病坚持完成工作。时任副台长王赞焘，既要每天绘天气图、收听日语广播，又要分析研究，关注整个天气系统的变化情况，特别还要关注台风的踪迹，工作十分辛苦。

大连气象台从建台初始，就特别重视气象科技。据李素勤回忆，20 世纪 50 年代，大连气象台就请从美国留学回来的叶桂馨（后来任北京气象专科学校副校长）作数值天气预报的学术讲座。

2. 迁址南山

大连气象台初建时使用的沙河口区兴工街 886 号原日本神社临时观测用房，由于周边多工厂，轨道交通、居民、厂房密集，视野狭窄，难以保证观测和通信业务的正常运行。1950 年 10 月，旅大市人民政府根据大连气象台的建议，经与苏军有关方面协商，决定将苏军占用的南山气象台及一切设备移交大连气象台使用。1952 年 1 月 1 日，大连气象台由沙河口迁址到中山区武昌街铁山巷 86 号，即今天的大连市中山区气象街 2 号，并更名为大连海洋气象台。此处观测站址距沙河口站址 4.5 千米。当时的观测项目包括气压、干湿球温度、风向风速、降水量、小型蒸发、云量、云状、日照、能见度、天气现象及浅层地温等。

1953 年，大连海洋气象台观测组人员合影

大连是我国北方的重要港口和渔业生产基地，港务、海运、渔业等对气象预报、气象资料等需求旺盛。即使在当时气象信息保密的情况下，大连气象台也高度重视预报服务工作，在征得上级管理部门同意后，在做好气象为国防建设与军事服务外，最大可能地做好面向社会的气象服务工作，特别是台风的预报与服务。气象台拟定了发布天气预告警报的办法草案，包括 24 小时预报、重大危险天气警报及台风警报，并分别呈送东北军区司令部气象管理处及相关建制单位在案。

1952 年 6 月 26 日，旅大市成立了防台防汛指挥部。1953 年 6 月 12 日，大连海洋气象台开始与当地的广播电台建立关系，每日通过电台报告危险天气警报，服务公众。1954 年，除了通过电台发布灾害性天气预报、警报外，大连海洋气象台还注重利用电台和报纸进行气象科普知识宣传。为了更好地为广大人民群众服务，扩大气象服务的受众面，从 1956 年 7 月开始，大连海洋气象台利用电台、报纸发布天气预报、刊登天气谚语等。

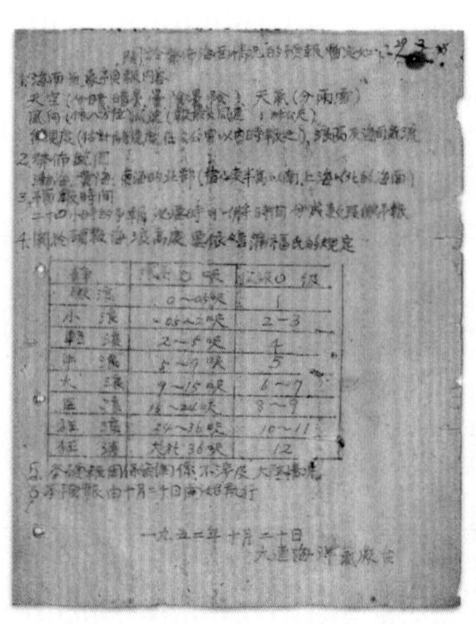
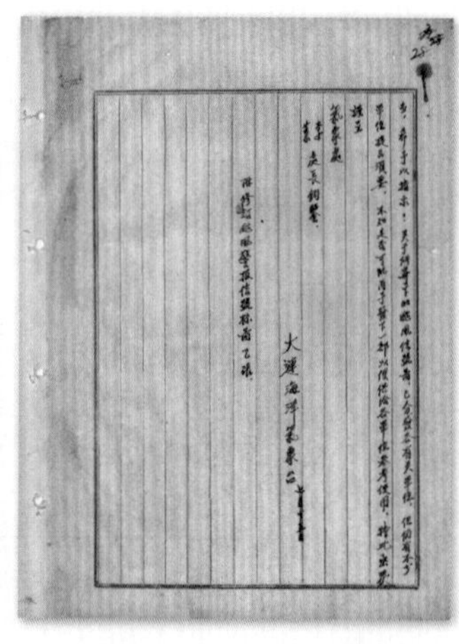
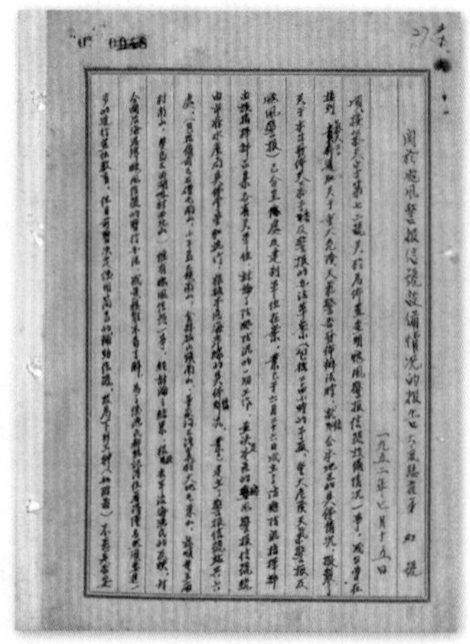

1952 年 6 月 26 日，旅大市成立了防台防汛指挥部，拟定危险天气警报、台风警报发布办法

1953年8月1日，中央人民政府政务院和人民军事委员会联合发布命令，决定气象部门从军队建制转为政府建制。从1953年10月起，大连海洋气象台转移领导建制关系，由中国人民解放军东北军区旅大警备司令部转由大连市人民政府农林局管理。转制后，气象台既为国防服务，又为地方经济建设服务。

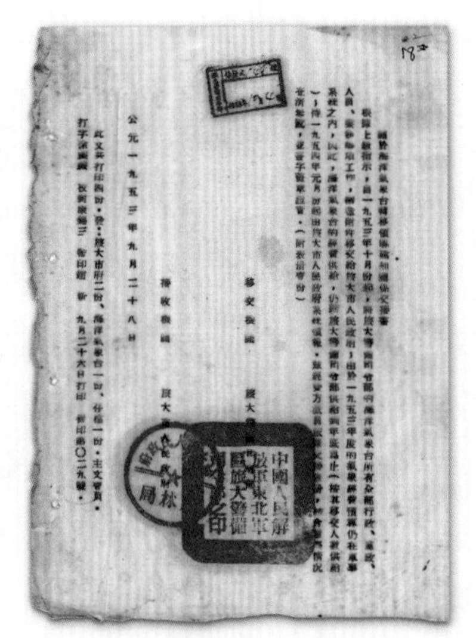
公元一九五三年九月二十八日

1953年，大连海洋气象台领导建制关系交接书

1954年，中央人民政府政务院发布了《关于加强灾害性天气预报、警报和预防工作的指示》。天气预报工作步入正轨，气象台积极开展专业服务，不断扩大服务范围，特别是有针对性地开展专业气象服务。1956年6月1日，大连气象台开始担负渤海海区和黄海北部海区的气象预报服务工作，直到2010年。大连海洋气象台作为我国沿海的三大海洋预报台之一（另两个为上海、广州），承担了55年渤海海区与黄海北部海区气象预报服务任务。期间，通过海岸电台广播中英文天气预报、外海渔场预报等，在轮渡、盐业、造船、渔业、工业、森林、环境、电业、建筑、农业等各行业均发挥了不可替代的作用，必要时还出动流动气象台，开展现场气象服务。

1957年4月15日，根据气象服务需要，经请示辽宁省气象局同意，大连市内观测点每日01时、07时、13时、19时的定时气候观测恢复，记录仅供大连气象台使用，报表不上报辽宁省气象局。大连湾与大连同时进行观测，持续至1969年3月31日。

3. 建立大连湾气象站

大连气象台搬迁到南山后，这里的观测条件虽然比沙河口好，但仍不合乎规范观测的要求。大连气象台观测场位于南山的一个小山顶上，周围都是小山、树丛，观测场面积很小，只有9米×10米，而且离楼房很近，不能完全达到观测记录须具有代表性、准确性和可比较性的要求。因此，中央气象局和辽宁省气象局建议迁站。为了使新站址符合观测要求，并体现出海洋气候的特点，经过多个备选站址的比较，最后确定将观测场迁至旅大市金县大连湾南山靠近海边的地方，距南山观测场16.5千米。工作用房是沦陷时期的一个电台留下的房子，年久失修，已经没有房顶。在搬迁之前，气象台对这个房子进行了修缮。观测场则在一个需要爬近百台阶的小山上。迁址后的大连气象台改称大连湾气象站，从1957年1月1日正式开始观测。同时迁址的还有高空气象观测。

1955年从成都气象学校毕业分配到大连的夏维信，是大连湾气象站建站的亲历者。据他回忆，1956年大概有半年多时间，他一直都与当时的观测站站长孙国武一起从事建站工作，从气象站的选址、测量到建站，他都参与了。当时观测场海拔高度、水银槽海拔高度是他用经纬仪自山下的水准点一点点测量来的。夏维信的妻子孙云枝当年也是大连湾气象站的观测员，他们的儿子夏清还能回忆起自己五六岁时陪妈妈和其他女观测员观测时的情景，女观测员晚上观测害怕，经常揪着他作伴儿观测，往山上走的台阶两边有坟地，还常会有蛇或狐狸等动物出没。大连湾气象站的条件异常艰苦，没有水，男同志去一个周边的山里挑山泉水，挑来的水仅供饮用与做饭，洗衣要去远处的河边。有一次，辽宁省气象局领导来检查工作，了解情况后，给站里配备了一个人力双轮

20世纪50年代，观测员用苏式雨量筒测量降水量（大连湾）

20世纪50年代的经纬仪测风观测（大连湾）

车及车载水桶。但是上山的路布满了石头，双轮车不好拉，当时站里的一个叫王桂莲的女观测员就因拉水摔断了锁骨。大连湾地区在低温时节阴冷潮湿，寒气逼人，如果赶上下雨，观测时没有雨衣可穿，浑身淋湿又没有换洗衣服，就只能穿着湿衣服上班，特别容易生病。孙云枝就患了风湿病，因为医疗条件有限，后来转成风湿性心脏病。最难的时候是自然灾害时期，粮食匮乏，生活物资供应极少，周边山上能吃的野菜全挖来吃，草根、树皮，只要是能吃到嘴里的都用来充饥。市政府和市农业局非常关心气象站，特批让农业科学研究所拉来大白菜储备过冬。尽管饿着肚子，但观测值班却是怎么都不能含糊的。当时的报文是加密的，需要每天到邮局取加密电码，还有航危报业务、经纬仪小球测风、制氢等工作。正常的经纬仪底座是三脚架，观测时需要两个人，每分钟读一组数据，站立时间至少半个小时。大家就在工作之余进行技术革新，用一根圆木代替三脚架，上面设置一个小桌板，将经纬仪安装在上面，圆木下面部分设置了一个小椅子。原来需两个人观测，革新后只需要一个人完成，并且可以坐着工作，大大减轻了工作强度，提高了工作效率。20 世纪 50 年代末至 70 年代初，这个装置一直在使用，有了测风雷达后，它依然是备份设备，后来才逐步退出业务应用。

4. 再次迁址南山

大连湾气象站位于海滨的一个小山顶上，三面环海，一面与陆地相连。经几年观测对比，该处测得的气温、湿度和风等气象要素代表性较差。经中央气象局批准，1969 年 4 月 1 日，大连湾地面和高空观测重新迁回位于大连南山的旧址。迁回南山的大连湾气象站改名为大连国家基本气象站。由于南山观测场西北角距办公楼只有 5 米，且场地又小，极不规范，于是将观测场东移 30 米，并扩大为 16 米 ×20 米。1975 年 10 月 1 日，根据中央气象局对国家基本气象站观测场的要求，观测场再次东移 16 米，面积扩大为 25 米 ×25 米。从那时起直到今天，大连气象站观测场的位置和规模再也没有变过。

1974 年 1 月 1 日，大连气象台探空组正式接管了由部队移交过来的综合测风业务，开始用经纬仪和收报机通过施放探空气球进行综合测风。1976 年 1 月 1 日，大连气象台探空组改用 701 探空雷达，这一设备的应用，可为气象预报服务提供更加丰富的探空资料。

20 世纪 70 年代，701 探空雷达车及工作人员施放探空气球时的情形

大连气象台从 20 世纪 70 年代开始运用数理统计方法做预报，并为此成立中长期天气预报组，发布月、季、年的预报。1974—1977 年，极轨卫星气象接收设备、传真接收机、701 探空雷达、711 天气雷达等探测设备陆续配备，预报科参考的资料增加了雷达回波、卫星云图以及日本、欧洲的气象传真图等，促进了大连地区的灾害性天气探测技术与手段的不断提高，特别是 711 天气雷达回波和卫星云图接收，大大提高了强对流天气短时探测与预报能力。经过多年天气预报联防实践，大连气象台总结出不同的天气形势、环流背景下强对流天气系统指标、特征、预报方法，提高了短时预报质量，提升了服务水平。

（二）改革，欣欣向荣

自 1978 年党的十一届三中全会以来，大连气象事业沐浴着改革开放的春风，秉承“科学技术是第一生产力”，跟随着祖国科技发展的脚步，至 20 世纪末，气象现代化水平实现了较大提升，呈现出欣欣向荣的局面。

20 世纪 80 年代，大连气象台建成了 713 测雨雷达、同步卫星接收设备，情报传递、卫星接收、预报方法不断改进，观测预报能力不断提升。大连市气象局从 1984 年开始购入计算机，用于观测、预报业务及科研。1984—1985 年，地面、高空业务均用上了 PC-1500 型袖珍计算机，1988 年开始，计算机应用到编制地面、高空气象月报表上，从此，大连的地面高空探测进入了计算机编报时代。

1993 年，大连国家基本气象站升级为国家基准气候站，实行 24 小时观测与守班。

20 世纪 80 年代的大连国家基本气象站观测场

气象通信技术发展的水平直接关系到气象综合观测系统、气象预报预测系统和公共气象服务系统等所有业务数据的采集、分发、存储、处理等。在经历莫尔斯电码、电传、传真、甚高频无线电等通信阶段后，大连气象系统从 1993 年开始，进入了计算机通信时代。1997 年，大连气象部门建成了气象卫星综合应用业务系统（“9210”工程），大大提高了气象通信现代化水平。之后，大连气象通信技术与中国通信技术的发展和进步紧密相连，计算机通信、地面与卫星结合、公网和专网相补充，以及数字宽带、现代化综合气象信息通信系统成为大连气象业务的保证。

随着改革开放的脚步，大连的经济与社会发展进入“快速车道”。为了贴合城市发展需求，气象人努力提升自我，不断向社会提供优质的气象服务产品，如公众天气预报、专业气象预报、决策服务、重要季节气象服务（包括春播、秋收、汛期防汛、抗旱服务）、重大工程建设气象服务以及重大社会活动气象服务等。大连气象服务产品逐渐丰富，服务手段也变得多种多样、与时俱进，与时代的发展紧密相连。1988 年，为加强灾害性天气预报警报制作、传输和广播，大连市气象局制定实施了适合当地服务需求的灾害性天气警报发布细则。

20 世纪 90 年代大连市气象局远眺

（三）新时代，跨越式发展

进入 21 世纪，气象现代化的步伐不断加快，大连气象事业实现了跨越式发展，按照“公共气象、安全气象、资源气象”发展理念，发展“一流装备、一流技术、一流人才、一流台站”。

2002 年，大连市气象部门启动了自动气象站建设，至当年 9 月 25 日，大连自动气象观测站建设完成，绝大部分气象要素实现了自动观测。

自动气象站建成（摄于 2002 年 9 月 25 日）

2003 年 1 月 1 日，大连自动气象观测站开始运行，至 2004 年 12 月 31 日，完成了为期两年的自动与人工平行观测，于 2005 年 1 月 1 日正式投入单轨运行。2013 年，新型自动站建成，一用一备双套运行。2019 年，大连市自动气象站达到 228 个，组成了地面自动气象站观测网，站点平均间隔为 7 千米，重点区域小于 5 千米，可每 5 分钟获取一次气象观测资料。

由于气象探测自动化的快速发展，大连的气象观测业务工作逐步告别了过去的观测、编报、报表制作、资料统计的模式，人工观测逐步被自动观测所取代，基本形成以自动观测为主、人工观测为辅的并行运行模式。台站原来相对独立的地面、高空、大气成分观测业务逐渐融为一体，观测业务向自动化、综合化、一体化发展，人工主要负责仪器设备维护维修、运行监控、质量控制、数据资料分析等。

2003 年，大连市气象局建成新一代天气雷达，短时临近天气、强对流天气的预报预警能力大大提升，2015 年成功进行了升级换型。2004 年，大连市气象局又增加了大气成分观测、中韩合作沙尘暴监测。2005 年初，大连市气象局开展了 EOS-MODIS 遥感监测服务工作，实现对大连市植被、水源、大雾、海冰、海温、水资源等的动态监测与评估，从 1961 年起开展的森林火险预报如今用上了新的监测手段。2005 年 11 月 1 日，大连市气象局开始使用 L 波段探空雷达，探测环境、探空业务现代化向前迈进了一步。

目前，大连具备了气象卫星、多普勒天气雷达、L 波段探空雷达、风廓线雷达、车载双偏振天气雷达、激光雷达、地波雷达、GPS/MET 水汽遥感探测仪、海上浮标、遍布城乡的自动气象站等组成的海陆空全方位立体气象观测系统，多普勒雷达资料可 6 分钟更新一次，卫星云图可 15 分钟更新一次，自动气象站观测资料每 5 分钟更新一

大连市气象局新一代天气雷达

次，使得这个监控系统犹如一双几乎不眨眼的观云识天的“千里眼”。另外，大连还建有雷电监测网、能见度监测网、农业及生态监测网、大气成分监测网、酸雨观测网、大雾监测网，以及大孤山化工区域气象观测预警中心等，形成了一张捕风捉雨、监视生态的“天网”。

目前，大连市气象部门正积极推动智慧气象建设，构建以“互联网 +”为基础的气象服务新模式，通过微博、微信和手机应用软件（APP）等渠道，建立和完善与用户的实时交互机制，提供基于用户位置的气象服务和按需定制的气象预报服务，实现气象服务信息精准投放、智能推送、按需提供。

同时，大连市气象部门加强与相关部门的合作和信息共享，打造气象大数据平台，为森林防火、地质灾害防御和城市交通、港口、航运、电力等安全稳定运行提供更有针对性的气象服务。建成农村应急广播系统 1003 套，覆盖到每个村，解决为农服务“最后一公里”问题。

2019 年，大连市气象局对大连百年站资料开展了统计整编。综合气象观测资料已广泛应用于大连市的新机场、星海湾跨海大桥、地铁、高铁、光伏电站等建设项目气候论证业务中。

大连市气象台预报技术发展日新月异，依托已建成的多要素、高时空分辨率的气象观测系统，以高分辨率气象数值模式产品为核心，以多源资料融合分析和气象数值模式产品解释应用为基础，建立了精细化网格气象要素和灾害性天气落区客观预报方法；研发了空间分辨率为 1 千米的预报产品（72 小时内时间分辨率为 1 小时、72 ~ 240 小时时间分辨率为 6 小时）。开展了智能网格预报业务，基于位置提供预报产品，满足社会对气象服务的精细化需求。

大连是辽宁省乃至全国气象灾害频繁且严重的地区之一。台风、暴雨、干旱、大风、强对流（雷电、冰雹等）、寒潮、暴雪、大雾、低温冷害和霜冻等自然灾害频繁发生，气象灾害带来的洪涝、泥石流、风暴潮、赤潮等次生灾害也时有发生。大连市气象台针对灾害性天气进行物理机制研究，预报准确率不断提高，为政府防灾减灾发挥了重要作用。大连气象服务于国家重大战略，融入大连经济社会的发展，大连市气象台每年向地方党委、政府及有关部门提供决策产品 400 余期，为政府有效应对灾害性天气提供决策依据。发生重大灾害性天气时，及时通过传真、专车报送等方式为政府及相关部门决策提供重要气象报告等信息。

大连作为现代化国际都市，每年承载着多项国际会议和大型社会活动。大连市气象局每年为10余次重大社会活动提供气象服务，成功保障了“大连国际服装节”“大连国际马拉松赛”“大连赏槐会”“中国国际啤酒节”“国际沙滩节”“夏季达沃斯”“十二运”等重大社会活动。

（四）新征程，梦想启航

大连气象站走过百年观天测候的风雨历程，如今站在一个新的历史起点上，回望历史，沧桑巨变，也必将焕发出新的生机。展望未来，新的蓝图已经绘就，大连气象人将肩负起新时代赋予气象工作的历史使命，在推进气象高质量发展中，扬帆起航，勇当奋斗者，展现新作为，奋力谱写新时代大连气象事业高质量发展的新篇章。大连气象的明天会更好！

第三章

沈阳观象台

沈阳，因地处古沈水（浑河支流）之北而得名。徐徐翻开沈阳观象台的百年历史画卷，呈现在我们面前的既有来自西方的基督教教士，也有镇守“龙兴之地”的清朝官员，更有一代代坚守岗位的观测员，他们共同书写了沈阳观象台的百年沧桑。在波澜壮阔的百年历史中，沈阳观象台陪伴着沈阳这座历史文化名城历经风雨、共享冷暖，默默守护着辽沈大地的一片蓝天。

第一节　列强入侵 几度沉浮

（一）清朝时期的气象观测

在中国历史上，历代宫廷中都有掌管天文气象的部门，明清时期称“钦天监”。明朝后期，大批外国传教士怀揣着发展信徒、开辟教区、建造教堂的目的来到中国。这些人同时也精通天文历法，懂得气象知识，并因此得到清政府的青睐。明末清初，比利时人南怀仁（1623—1688 年）来华传教。1669 年，南怀仁被康熙皇帝授以钦天监监副，主管修历法、制造天文气象仪器，并进行天文气象观测。《清史稿·南怀仁传》中记载：“二十一年，命南怀仁至盛京测北极高度，较京师高二度，别为推算日月交食表上之。”南怀仁曾亲自到盛京（今沈阳）测量其“北极高度”，并派员到沈阳故宫设观测场所。雍正年间，沈阳建造了专门用于祭祀和观测的风雨坛。

南怀仁画像

沈阳故宫大政殿及十王亭

民间对沈阳地区气候的观察记录，历史也很悠久。1711 年，即清康熙五十年，官员方式济将辽东北疆的所见所闻著成《龙沙纪略》

一书，内容包括方隅、山川、经制、时令、风俗、饮食、贡赋、物产、屋宇九个门类。该书《方隅》篇记载：“盖自奉天过开原，出威远堡关而郡县尽。外有七镇：曰吉林乌喇；曰宁古塔；曰新城；曰伊兰哈喇，属宁古塔将军辖，由新城之伯都纳渡诺尼江而北；曰卜魁；曰墨尔根；曰艾浑，属黑龙江将军辖，皆在奉天府东北。”该书《时令》篇记载了辽东极北边陲的气候环境和时令节气，书中写道：“四时皆寒，五月始脱裘，六月昼热十数日，与京师略同。夜仍不能却重衾，七月则衣棉矣。立冬后，朔气砭肌骨，立户外呼吸，顷须眉俱冰。出必勤以掌温耳鼻，少懈，则鼻准死，耳轮作裂竹声，痛如割。土人曰，近颇称暖。十年前，七月江即冰，不复知有暑也。”

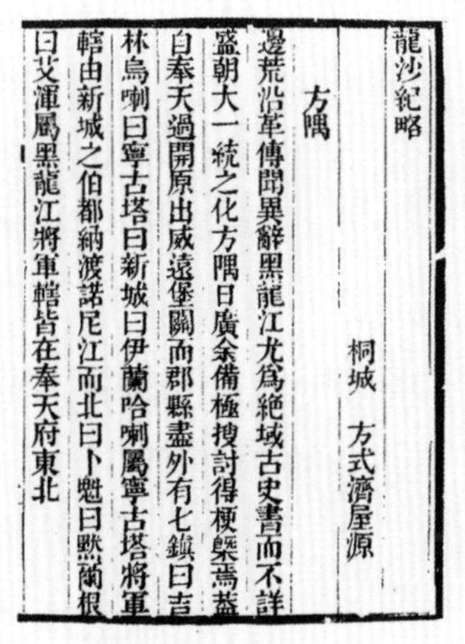
龍沙紀略
方隅　　桐城　方式濟屋源
邊荒沿革傳聞異辭黑龍江尤為絶域古史書而不詳
盛朝大一統之化方隅日廣余備極搜討得梗槩焉蓋
自奉天過開原出威遠堡關而郡縣盡外有七鎮曰吉
林烏喇曰寧古塔曰新城曰伊蘭哈喇屬寧古塔將軍
轄由新城之伯都納渡諾尼江而北曰卜魁曰墨爾根
曰艾渾屬黑龍江將軍轄皆在奉天府東北

《龙沙纪略》中提及“奉天”

在二十四节气中，从春分节气开始，辽宁地区要比黄河流域滞后两个节气，而从秋分节气开始，辽宁地区则提早两个节气，这在明清时期就有记载。清朝吉林堂主事萨英额著有《吉林外记》，共十卷，第八卷《时令》记载：“吉林太阳出入时刻，大抵春分六日后，视京师出渐早、入渐迟，此昼之所以长于京师也；秋分六日后，视京师出渐迟、入渐早，此昼之所以短于京师也。至一岁节气，视黑龙江时刻较早，视奉天时刻较迟。如道光元年新正二日立春，吉林巳正初刻十四分，黑龙江巳正一刻一分，奉天巳正初刻一分，观此可以验天时矣。”

（二）出身乱世 命运多舛

第一次鸦片战争后，我国门户被迫打开，西方列强不断入侵，逼迫清政府签订许多丧权辱国的不平等条约，提出割地、赔款、开埠通商等无理要求，外国军舰、商船日益频繁地进出我国港口。一些外国商船来到海城牛庄港，但因船体较大，而河道偏窄，船不能开到牛庄港，就只能在没沟营（今营口）停锚，再用木帆船把货物转运到牛庄港。于是，英国商人就在没沟营建了灯塔及信号场，同时由英国太古洋行进行简易气象观测，包括水文、潮汐、风向风速、气温等。

1856年10月，第二次鸦片战争爆发。1858年6月，俄、美、英、法侵略者分别与清政府签订了不平等条约《天津条约》，规定增开牛庄、登州等十地为通商口岸。1861年，英国驻牛庄（营口）领事馆首任领事密迪乐开始进行气象观测，并在上报英国政府的贸易报告中给出了1861—1865年营口每月的最高、最低气温。1871年，山海新关（营口海关）医官苏格兰人詹姆斯·沃森在向清政府总税务司赫德呈交的第一份医务报告中引用了密迪乐的报告，并增加了1870年最后3个月和1871年最初3个月的最冷温度列表。

鸦片战争后，中国海关名义上隶属于清政府，实际上诸多方面听命于其外籍领导人以及各级要害部门的大批外籍雇员。英国人赫德任海关总税务司期间（1863—1908年），在海关建立了总税务司的绝对统治，很多事都是由他谋划的，设立气象观测就是一例。1869年11月12日，赫德向各海关发布《海关28号通札》命令，要求在南起广州、北至牛庄的各口岸海关和灯塔所在地建立测候所。1880年2月，在营口建立牛庄（营口）海关测候所。西方列强进行气象观测的初衷，完全是从自身利益出发，为他们的侵略和掠夺服务的。海关设立气象测候所使用的仪器由清政府出资购买，而建立及运营测候所，则完全由外国人越俎代庖、大包大揽，清政府没有实际权力。

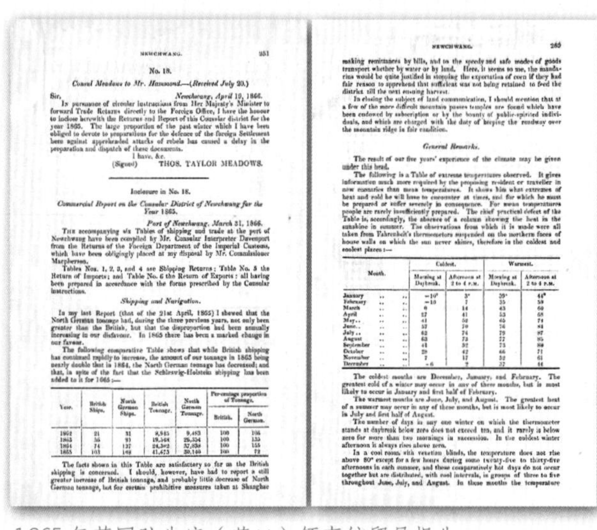

NEWCHWANG. 251

No. 18.

Consul Meadows to Mr. Hammond.—(Received July 20.)

Sir, *Newchwang, April 10, 1866.*

In pursuance of circular instructions from Her Majesty's Minister to forward Trade Returns directly to the Foreign Office, I have the honour to inclose herewith the Returns and Report of this Consular district for the year 1865. The large proportion of the past winter which I have been obliged to devote to preparations for the defence of the foreign Settlement here against apprehended attacks of rebels has caused a delay in the preparation and dispatch of these documents.

I have, &c.

(Signed) THOS. TAYLOR MEADOWS.

Inclosure in No. 18.

Commercial Report on the Consular District of Newchwang for the Year 1865.

Port of Newchwang, March 31, 1866.

The accompanying six Tables of shipping and trade at the port of Newchwang have been compiled by Mr. Consular Interpreter Davenport from the Returns of the Foreign Department of the Imperial Customs, which have been obligingly placed at my disposal by Mr. Commissioner Macpherson.

Tables Nos. 1, 2, 3, and 4 are Shipping Returns; Table No. 5 the Return of Imports; and Table No. 6 the Return of Exports: all having been prepared in accordance with the forms prescribed by the Consular instructions.

Shipping and Navigation.

In my last Report (that of the 21st April, 1865) I shewed that the North German tonnage had, during the three previous years, not only been greater than the British, but that the disproportion had been annually increasing in our disfavour. In 1865 there has been a marked change in our favour.

The following comparative Table shows that while British shipping has continued rapidly to increase, the amount of our tonnage in 1865 being nearly double that in 1864, the North German tonnage has decreased; and that, in spite of the fact that the Schleswig-Holstein shipping has been added to it for 1865:—

Year.	British Ships.	North German Ships.	British Tonnage.	North German Tonnage.	Per-centage proportion of Tonnage.	
					British.	North German.
1862	21	31	8,945	9,483	100	106
1863	56	91	19,548	26,334	100	135
1864	74	137	24,302	37,838	100	155
1865	103	168	41,673	30,140	100	72

The facts shown in this Table are satisfactory so far as the British shipping is concerned. I should, however, have had to report a still greater increase of British tonnage, and probably little decrease of North German tonnage, but for certain prohibitive measures taken at Shanghae

NEWCHWANG. 265

making remittances by bills, and to the speedy and safe modes of goods transport whether by water or by land. Here, it seems to me, the mandarins would be quite justified in stopping the exportation of corn if they had fair reason to apprehend that sufficient was not being retained to feed the district till the next ensuing harvest.

In closing the subject of land communication, I should mention that at a few of the more difficult mountain passes temples are found which have been endowed by subscription or by the bounty of public-spirited individuals, and which are charged with the duty of keeping the roadway over the mountain ridge in fair condition.

General Remarks.

The result of our five years' experience of the climate may be given under this head.

The following is a Table of extreme temperatures observed. It gives information much more required by the proposing resident or traveller in new countries than mean temperatures. It shows him what extremes of heat and cold he will have to encounter at times, and for which he must be prepared or suffer severely in consequence. For mean temperatures people are rarely insufficiently prepared. The chief practical defect of the Table is, accordingly, the absence of a column showing the heat in the sunshine in summer. The observations from which it is made were all taken from Fahrenheit's thermometers suspended on the northern faces of house walls on which the sun never shines, therefore in the coldest and coolest places:—

Month.	Coldest.		Warmest.	
	Morning at Daybreak.	Afternoon at 2 to 4 P.M.	Morning at Daybreak.	Afternoon at 2 to 4 P.M.
January	−10°	3°	39°	44°
February	−10	7	35	59
March	6	14	43	60
April	27	41	53	68
May	41	52	65	74
June	57	70	76	84
July	62	74	79	87
August	63	73	77	85
September	41	52	73	80
October	29	42	66	71
November	7	17	52	61
December	−6	2	37	44

The coldest months are December, January, and February. The greatest cold of a winter may occur in any of these months, but is most likely to occur in January and first half of February.

The warmest months are June, July, and August. The greatest heat of a summer may occur in any of these months, but is most likely to occur in July and first half of August.

The number of days in any one winter on which the thermometer stands at daybreak below zero does not exceed ten, and it rarely is below zero for more than two mornings in succession. In the coldest winter afternoon it always rises above zero.

In a cool room with venetian blinds, the temperature does not rise above 80° except for a few hours during some twenty-five to thirty-five afternoons in each summer, and these comparatively hot days do not occur together but are distributed, with cool intervals, in groups of three to five throughout June, July, and August. In these months the temperature

1865年英国驻牛庄（营口）领事馆贸易报告

清政府海关总税务司赫德

1895—1904 年，清政府海关设立奉天观象台，地点在海关礼部堂子庙。该时期没有留下观测资料和观测场的有关数据。

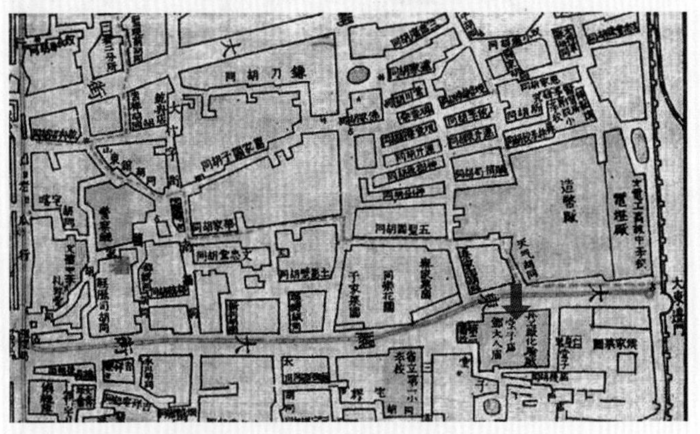

海关礼部堂子庙地图

第二节　风云变幻 奉天气象

（一）奉天第八临时观测所

1894—1895 年的甲午战争是日本军国主义对其侵略政策，也就是所谓的“大陆政策”的一次重要实施。“大陆政策”也称大陆经略政策，是明治维新后日本意图用战争手段侵吞中国、朝鲜等周边大陆国家的对外侵略扩张政策，是日本近代军国主义的主要特征和表现。

1904 年，日俄战争爆发，日本政府以“研讨战况”为借口，指使日本中央气象台在我国东北三省和朝鲜设立和扩充气象观测网点。同年 8 月，日本文部大臣指示日本中央气象台在大连青泥洼、营口分别建立第六、第七临时观测所，两所均于 9 月建成并开始工作。1905 年，日本文部大臣再次指示，在奉天（即沈阳）设立第八临时观测所。奉天第八临时观测所地址选在奉天造币厂（今沈阳大东区六一五厂西侧），建有观测场，其观测项目有相对湿度、绝对湿度、降水量、总低云量、天气现象、风向风速、最高气温、最低气温、地面温度、日照、蒸发量、雪深、5 ～ 500 厘米地温等。建立观测所的目的，是为侵华日军提供气象情报，当时的观测资料保存至今。

1906年9月，日本将临时观测所、支所等移交给关东都督府，改称测候所。1908年，施行关东都督府观测所体制。同年，改大连测候所为关东都督府观测所，沈阳观测所为其支所，改称奉天观测支所，设在南满洲铁道株式会社附属地。1916年，奉天观测支所迁往奉天日吉町（西塔大街，东经123°23′，北纬41°48′，海拔高度42.9米）。1919年，大连观测所改名为关东厅观测所，奉天观测所为其3个支所之一，改称关东厅观测所奉天支所。1930年5月1日，奉天支所迁往奉天竹园町番地（和平大街马路湾），由于与前次所在地奉天日吉町距离较近，经度、纬度和高度均没有变化。

日本领事馆，1906年（清光绪三十二年）设立，位于今沈阳八一公园附近

奉天第八临时观测所的观测资料

1905年奉天第八临时观测所

1930 年的奉天支所

除了日本的气象观测以外，1920 年，东三省巡阅使张作霖在沈阳成立东三省航空筹备处，在东塔附近修建飞机场，购买飞机 20 架，创办航空学校，同时进行气象观测。

早在 1906 年 6 月，日本殖民者就在大连成立了南满洲铁道株式会社（简称“满铁”），以经营和管理铁路、沿线领地及其附属企业。“满铁”是与关东厅并行的殖民统治机关，内设地方部农务科，专门负责领导气象机构，并建立了本系统的气象观测所。

1931 年 9 月 18 日，白天下了一场小雨，降水量为 0.4 毫米。俗话说“一场秋雨一场凉”，刚刚进入初秋的沈阳，这一天的最高气温只有 20.8 ℃，比前一天的最高气温整整下降了 7 ℃。深夜 22 时 20 分，沈阳的气温在 10 ℃左右，户外刮着 2 ~ 3 级的风。侵华日军再一次实施阴谋，日本关东军安排铁道“守备队”炸毁沈阳柳条湖附近的南满铁路路轨，栽赃嫁祸于中国军队，随即以此为借口，炮轰沈阳北大营，并于 1931 年 9 月 19 日侵占了沈阳。后来，侵华日军又陆续侵占了东北三省。1932 年 2 月，东北沦陷。

1933 年 3 月，“满铁”在沈阳市和平区太原街设立伪满铁路总局，控制全东北铁路交通。“满铁”先后在熊岳城（盖县）、抚顺、凤凰城（凤城）、开原、鞍山建立了 5 个观测所。最迟至 1937 年，位于辽宁境内的关东厅和“满铁”观测所已成为伪满洲国气象观测系统的组成部分，有大连、沈阳、营口、旅顺、周水子、熊岳城（盖县）、凤凰城（凤城）、抚顺、开原、鞍山等处。其他系统的简易观测所，由伪满洲国中央观象台采取委托制的办法管理，负责技术指导，并汇总记录。从 1904 年到 1937 年日本殖民者对伪满洲国废除所谓“治外法权”为止，日本统治辽宁地区气象工作长达 33 年之久。

伪满铁路总局

（二）奉天观象台

1932 年 3 月 1 日，在日本帝国主义的扶持下，伪满洲国成立，并改长春为“新京”，意为“新国家新首都”，长春支所也随之改名为新京支所。1933 年 11 月 1 日，伪满洲国在新京支所基础上组建了伪满洲国中央观象台，先后隶属于伪满洲国实业部、产业部、交通部管辖，台长均由日本人担任，并形成伪满洲国中央观象台、地方观象台、地方观象所三级管理体制。1937 年 12 月，日本政府对伪满洲国废除所谓“治外法权”，将奉天（沈阳）支所移交伪满洲国中央观象台管辖。1939 年 10 月，伪满洲国交通部宣布成立奉天地方观象台，隶属于伪满洲国中央观象台。

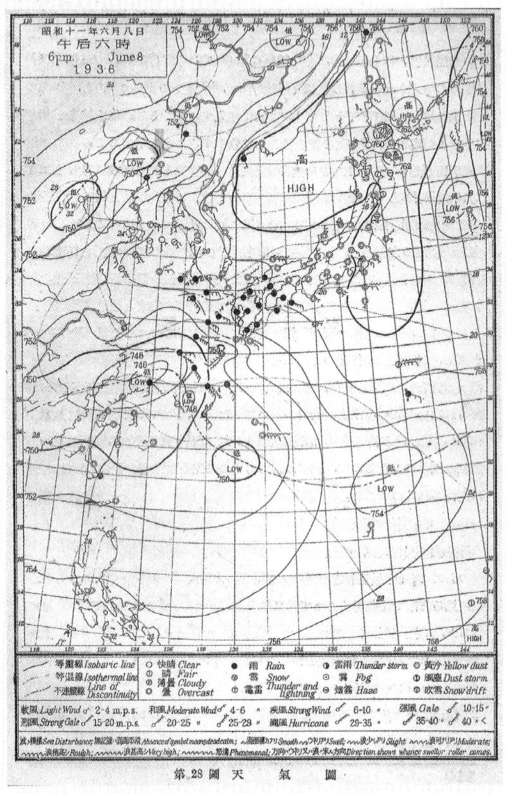
1936年6月8日18时天气图，图中有奉天（沈阳）的天气情况

1944 年 9 月，伪满洲国气象业务大改组，在“中央观象台”之下增设“管区观象台”，形成四级管理体制。伪满洲国中央观象台扩大了奉天地方观象台的机

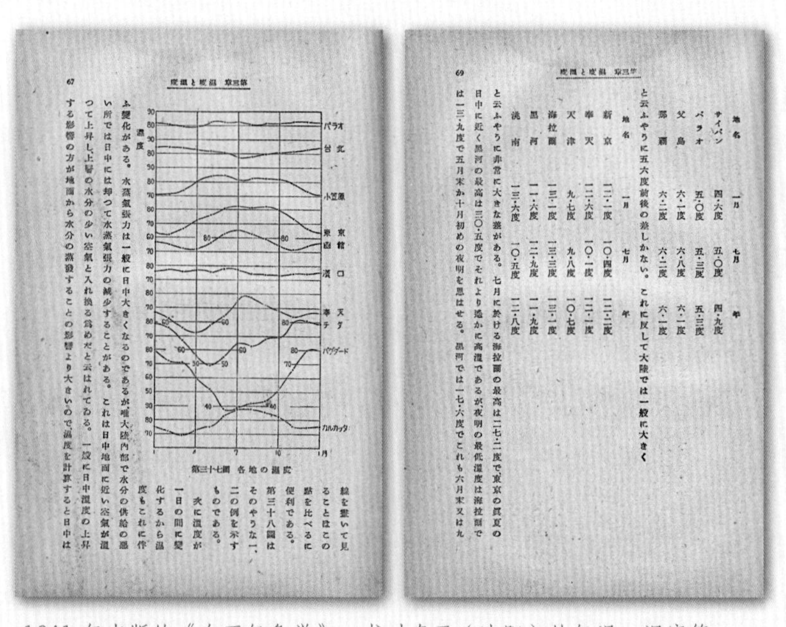

67　　第三章　温度と濕度

第三十七圖　各地の濕度

線を畫いて見ることはこの點を比べるに便利である。第三十八圖はそのやうな一、二の例を示すものである。

次に濕度が一日の間に變化するから温度もこれに伴ふ變化がある。水蒸氣張力は一般に日中大きくなるのであるが、唯大陸內部で水分の供給の惡い所では日中には却つて水蒸氣張力の減少することがある。これは日中地面に近い空氣が温つて上昇し、上層の水分の少い空氣と入れ換る爲めだと云はれてゐる。一般に日中濕度の上昇する影響の方が地面から水分の蒸發することの影響より大きいので濕度を計算すると日中は

69　　第三章　温度と濕度

地名	一月	七月	年
サイパン	四・六度	五・〇度	四・九度
パラオ	五・〇度	五・三度	五・三度
父島	六・一度	六・八度	六・一度
那覇	六・二度	六・二度	六・一度

と云ふやうに五六度前後の差しかない。これに反して大陸では一般に大きく

地名	一月	七月	年
新京	一二・一度	一〇・四度	一二・二度
奉天	一二・六度	一〇・一度	一二・一度
天津	九・七度	九・八度	一〇・七度
海拉爾	一三・一度	一三・三度	一三・一度
黒河	一一・六度	一二・九度	一一・九度
洮南	一三・六度	一〇・五度	一二・八度

と云ふやうに非常に大きな差がある。七月に於ける海拉爾の最高は二七・二度で東京の眞夏の日中に近く黒河の最高は三〇・五度でそれより遙かに高温であるが、夜明の最低温度は海拉爾では一三・九度で五月末か十月初めの夜明を思はせる。黒河では一七・六度でこれも六月末又は九

1941 年出版的《东亚气象学》一书对奉天（沈阳）的气温、湿度等数据有所引用

构，拓展了业务管辖范围，将其改称奉天管区观象台。奉天管区观象台是管理和业务工作合一的机构，内设庶务科、观测科、通信科，主要负责气象、地震、地磁气、天体及与此相关的观测、调查及报告事项，以及气象信息的通报、预报与警报等事项。全台总计约 20 人，台长、科长等主要技术骨干均为日本人。奉天管区观象台管理机构顶峰时曾管辖 26 个地方观象台、所。

东北沦陷时期，为配合日本人侵东北的掠夺行动，伪满洲国中央观象台还设立了简易观测点。根据 1937 年、1938 年的《满洲气象年报》和其他资料，伪满洲国共有 127 个简易气象观测点，其中在辽宁地区的简易气象观测点有 28 个。

观象台的主要技术工作都由日本人承担，中国人只能做一些辅助工作，不被允许接触核心业务。当时观象台职务分技正、技士、技佐等，相当于现在的高级工程师、工程师、助理工程师等。从 1936 年开始，为满足侵华日军对气象情报的需要，日本在东北新建和扩建了不少气象观测站，急需气象人才。因此，伪满洲国中央观象台从各地选出中国高中毕业生 20 名，送到日本中央气象台的气象官养成所进修，观测学制为一年，预报学制为两年。这些人回到中国后被分配到观象台，大部分人从事观测工

作，少数人参加天气预报科工作，主要承担填图、画天气图工作。1936—1945 年，有 300 ～ 400 人是通过这类培训而成为气象工作者，开始从事气象工作的。沈阳观象台潘希顺、李一心等人均有相关经历。

（三）沈阳观象台

1941 年，国民政府中央气象局在重庆成立，既是全国民用气象的最高机关，也是全国气象行政及技术事务的主管机关，原隶属于行政院，1945 年 7 月改属教育部。抗日战争胜利后，中央气象局于 1946 年迁至南京。

1945 年 8 月 15 日日本无条件投降后，奉天管区观象台工作一度中断。同年，“奉天市”更名为“沈阳市”。

1946 年，国民政府在沈阳成立了教育部东北气象机构接收委员会办事处。1947 年 2 月，该办事处改归“交通部”领导。同年 12 月 13 日，“交通部”将东北气象机构接收委员会办公室归由中央气象局东北办事处管理，并受东北行辕监督。

1945—1948 年，沈阳处于黎明前最黑暗的时期，政治经济形势恶劣，民生凋敝，观象台无法得到政府的任何资金支持，气象观测已经停止，观象台的工作人员艰难度日，不得不在街上摆摊炒花生、瓜子，甚至卖家具、破旧仪器，以此补贴生计。观象台停水停电，只能依靠蜡烛照明。在那个兵荒马乱、人人自危的时期，在气象站工作人员的努力下，虽然观测工作中断了，但自 1905 年以来的观测资料却完好无损地被保存下来。直到 1948 年 11 月沈阳解放，被东北水利委员会接收后，观象台的情况才好转。

1948 年 2 月 26 日，中央气象局派遣接收委员陈请前往东北接收伪满洲国气象机构，同时，要求陈请在原奉天管区观象台（和平大街马路湾）基础上筹建沈阳观象台。同年 4 月 5 日，沈阳观象台成立，并开始工作。4 月 26 日，中央气象局任命陈请为沈阳观象台技正兼台长。但因当时东北尚在进行解放战争，沈阳观象台只能维持沿铁路线几个大城市的气象工作。

第三节　日新月异 走向辉煌

（一）旧貌换新颜

1948 年 11 月东北解放后，气象工作归属中国共产党领导的东北行政委员会农业部水利总局领导。东北行政委员会从哈尔滨迁往沈阳，水利总局接收并恢复了气象机构。1948 年 12 月，东北行政委员会在解放战争时期由中央气象局管理的沈阳观象台的旧址（和平大街马路湾）成立了东北气象台，内设秘书、观测、预报、研究 4 个科，全台编制为 20 人。东北气象台为管理和业务合一的机构，负责东北地区气象业务管理和技术指导工作。1949 年，东北气象台派员组建和恢复了锦州、营口、安东、阜新、熊岳等气象站，农业部门的农场和一些厂矿也相继建立了气象观测站、所。

新中国成立后，为适应国防建设和经济建设的需要，沈阳地区气象部门经历了由军队建制和两次军队领导、两次地方政府领导的管理体制以及两次体制下放、两次上收的变化。在管理机构上健全和完善了省级管理机构和市级管理机构。

1954 年 1 月 1 日，东北气象台迁至沈阳市沈河区南塔街五里河子 5 号，位于市区南郊，环境荒凉，北边是垃圾场，南边是乱坟岗，经常有成群的野狗出没，女同志在室外观测时，经常被吓出一身冷汗。

1954 年 8 月，东北气象台改称中央气象局沈阳中心气象台，下设观测科，承担地面、探空、高空等大气探测任务。1960 年 12 月，辽宁省气象局将沈阳中心气象台担负的大气探测任务部分划出，组建为辽宁省气象局观象台。1970 年 9 月，辽宁省气象局观象台更名为辽宁省气象局观测站。1971 年 2 月，辽宁省气象局观测站与沈阳市农业气象试验站合并，成立沈阳市气象台，下设两个观测组（地面组、高空组）。由于机构调整，1973 年 10 月，沈阳市气象台撤销，又将大气探测部分组建成辽宁省观象台，为隶属于辽宁省气象局的直属事业机构，又称辽宁省气象局观象台。

1983 年 7 月，根据国家气象局第二步机构改革方案，辽宁省气象局将辽宁省观象台划给辽宁省气象台管理，改称沈阳中心气象台观象台。

1989 年 1 月 1 日，为建设沈阳区域气象中心大楼，沈阳中心气象台观象台迁至沈阳市东陵区营盘路 12 号（五三乡浑河堡村），占地面积 8671 平方米，开始进行对比观测。

1954 年的沈阳中心气象台

1954 年的沈阳中心气象台观测场

1980 年的辽宁省气象局观象台

完成一年对比观测后，于 1990 年 1 月 1 日正式迁至新址。1989 年 11 月 30 日，沈阳中心气象台观象台划归沈阳市气象局管理，与东陵区气象局合并，一个机构两个名称，称沈阳观象台和东陵区气象局。

2005 年 1 月 1 日，根据沈阳城市发展规划，沈阳观象台迁至浑南新区大学城附近，开始进行对比观测。新址总征地面积 18270 平方米，业务楼建筑面积 2200 平方米，周围开阔平坦，四周建筑物遮挡仰角小于 5°，与原址的直线距离为 4300 米。新址经过一年多建设，经对比观测后，地面观测于 2006 年 1 月 1 日、高空观测于 3 月 6 日迁至新址正式开展业务工作。

2006 年 5 月 31 日，沈阳观象台更名为沈阳国家气候观象台，由沈阳市气象局负责管理。

2008 年 11 月 21 日，中国气象局下发《关于进一步规范地面气象观测站名称的通知》，对国家气象台站网的站类、名称作重新调整。2009 年 1 月 1 日，取消国家气候观象台名称，重新称沈阳观象台。

（二）气象业务

沈阳观象台的名称，从最初的奉天第八临时观测所，变为沈阳观象台，又变为东北观象台，又改回沈阳观象台，名称一直随着时代变迁而变化，观测项目也随着气象科学的发展而不断增加。在 1905 年建立后，气象观测项目包括相对湿度、绝对湿度、降水量、总低云量、天气现象、风向风速、最高气温、最低气温、地面温度、日照、蒸发量、雪深、5 ～ 500 厘米地温等。1947 年 4 月 1 日，增加云高、湿球温度等观测项目。1952 年 2 月 1 日，增加降水量自记观测。1954 年 1 月 1 日，增加风向风速自记观测、小型蒸发观测。1955 年 1 月 1 日，增加冻土深度观测。1980 年 1 月 1 日，增加电线积冰及海平面气压观测。

目前，沈阳观象台的观测项目包括气压、温度、相对湿度、液态和固态降水、蒸发（大型、小型）、辐射（总辐射、直接辐射、散射辐射、反射辐射、净全辐射）、浅层地温（0 厘米、5 厘米、10 厘米、15 厘米、20 厘米）、深层地温（40 厘米、80 厘米、160 厘米、320 厘米）、冻土深度（150 厘米）、电线积冰、能见度、风向风速、日照、酸雨、天气现象、草温等。

1953 年，沈阳观象台开始建立探空站，增加观测项目有大气各规定等压面的相应高度、风向、风速、温度、湿度以及各特性层高度上的气压、气温、湿度。每日 3 次观测，3 次发报。

从 1956 年 11 月 1 日开始，沈阳观象台进行日射观测，主要包括太阳直接辐射、散射辐射、大气反射以及总辐射、反射率等。采用地方平均太阳时（简称地平时），每天从日出到日落期间每小时正点进行 1 次观测。

1991 年，沈阳观象台开始进行酸雨、电导率观测。2001 年 9 月，酸雨采用 pH-3B 型酸雨测试仪观测，电导率采用 DDS-307 型电导率仪观测，其主要任务是采集降水样品，测量降水样品的 pH 与电导率，记录、整理观测数据，编制酸雨观测报表，向中国气象局报送酸雨观测资料。2006 年 1 月 1 日，开始使用 OSMAR 2005 版酸雨观测软件，计算机编制报表，通过网络传输到辽宁省气象信息与技术保障中心。

农业气象观测也是沈阳观象台的主要任务之一，最初主要承担土壤湿度观测任务，在每年 2 月 28 日—5 月 28 日，每日 03 时、08 时，在辅助观测地段测定 20 厘米深土壤湿度。2006 年开始观测大气降尘和地下水位。

1989 年 12 月，沈阳观象台和东陵区气象局合并后，履行东陵区气象局（现为浑南区气象局）职能，开展长、中、短期天气预报服务。进入 21 世纪，区县级天气预报的预报方式转变为通过现代会商系统，便捷使用和共享上级气象台各类预报产品，在预报内容上更精细化。2006 年，沈阳观象台利用同步数字体系（SDH）实现了观象台与辽宁省气象台、沈阳市气象台的可视天气预报会商。

（三）高速发展

由于城市规划的需要，2005 年，沈阳观象台迁址至当前的位置——沈阳市浑南区。为了避免今后频繁迁站，迁站领导小组多次勘察，在全市范围内选址。经过多方比较论证后，确定了沈阳观象台的新址场地。新址在沈阳三环高速公路北侧，西北侧为沈阳理工大学，东北侧为沈阳建筑大学的一片松林绿地。观测场距离高速公路 80 米，符合测站的标准，新址所在的沈阳环城高速边上设有绿化带，没有建筑物遮挡，预计未来很长一段时间，沈阳观象台都不用再迁站了。

新址确定后，即开始了对比观测。由于位于城市边缘的绿化带中，供水管线、供暖管线都没有铺设到位，也没有公交线路，周围是荒无人烟的大片空地。沈阳观象台

2018 年的沈阳观象台观测场

的职工们在观测场东侧搭建了 30 平方米的临时观测平房，建立起简易观测场，安装了两个 I 型自动气象站，于 2005 年 1 月 1 日开始进行对比观测。回忆当时的艰苦条件，原沈阳观象台观测员、现任浑南区气象局气象台台长的刁军说：“那个时候真是吃饭自己做，出门就靠走，联系全凭吼，安全大概只能拜托附近的流浪狗了。”

2005 年 4 月，沈阳观象台进行业务楼建筑施工，年底基本竣工，地面观测等业务迁至新址工作。2006 年 1 月 1 日，沈阳观象台正式进行地面观测。同年 3 月 6 日，高空观测迁至新址工作。2008 年，沈阳观象台实现与城市供水、供暖管线的联网，并在附近增加了公交站点，职工的生活条件得到了很大改善。随着城市发展南扩，作为新区的浑南区发展迅速，沈阳观象台周围不再是一片荒凉，也逐渐繁华起来。

随着时代的发展，沈阳观象台的职责发生了很大转变。1989 年，沈阳观象台与东陵区气象局（后更名为浑南区气象局）合并以后，沈阳观象台的职责也从单一的气象观测，发展到统筹气象观测、预报预警、气象服务、行政管理为一体。一方面，沈阳观象台继续作为国家基本观测站开展气象基础观测；另一方面，浑南区气象局作为地方政府部门，开展气象综合管理，造福一方百姓。沈阳市浑南区下设 15 个乡镇、167 个自然村，现在每个乡镇都建设了一个气象信息站，每个村都有一至两名气象信息员。每个村至少建有一套农村应急广播系统（大喇叭），每天早晚两次播报乡镇天气预报，随时播报天气预警信息。浑南区气象局还与区森林防火指挥部合作，在春季防火紧要期播报政府禁火令、火险指数等信息；与区农村发展局合作播报农业病虫害信息，指导农民科学防御和治疗相关病虫害；与区民政局合作开展城市防灾减灾建设，在社区安装电子显示屏，并纳入一键式预警发布系统。2008 年北京奥运会和 2013 年全国运动会期间，浑南区气象局积极参加组委会的工作，提供赛场的天气实况和气象预报，为大型赛事保驾护航。

2018 年的浑南区气象局

第四节　百年精神 传播四方

（一）抗击灾害 默默坚守

百年时光，历经风雨。回顾沈阳观象台的历史，有一张颇为“经典”的照片让人印象深刻。照片中，沈阳观象台被洪水围困，三层的办公楼被淹得只剩一层，楼房旁边的水面上，四个年轻人正驾着小船，准备施放高空探测气球。这张微微泛黄的老照片，拉开了那年万分惊险的一幕。

1995 年 7 月 28—30 日，浑河流域出现特大暴雨，浑河支流东洲河救兵站最大 24 小时降水量 475 毫米，最大 3 日降水量 679 毫米。连续多日的暴雨致使浑河发生了有资料记载以来的最大洪水，并朝着距离浑河边不远的沈阳观象台奔涌而来。

洪水来势汹汹，当日值班的地面观测员刁军立即和其他人紧急转运备用观测设备，在三层楼的楼顶搭建临时观测站。刁军还冒着大雨趟水走到观测场进行室外观测，待他观测归来时，洪水已经涨至胸口位置。

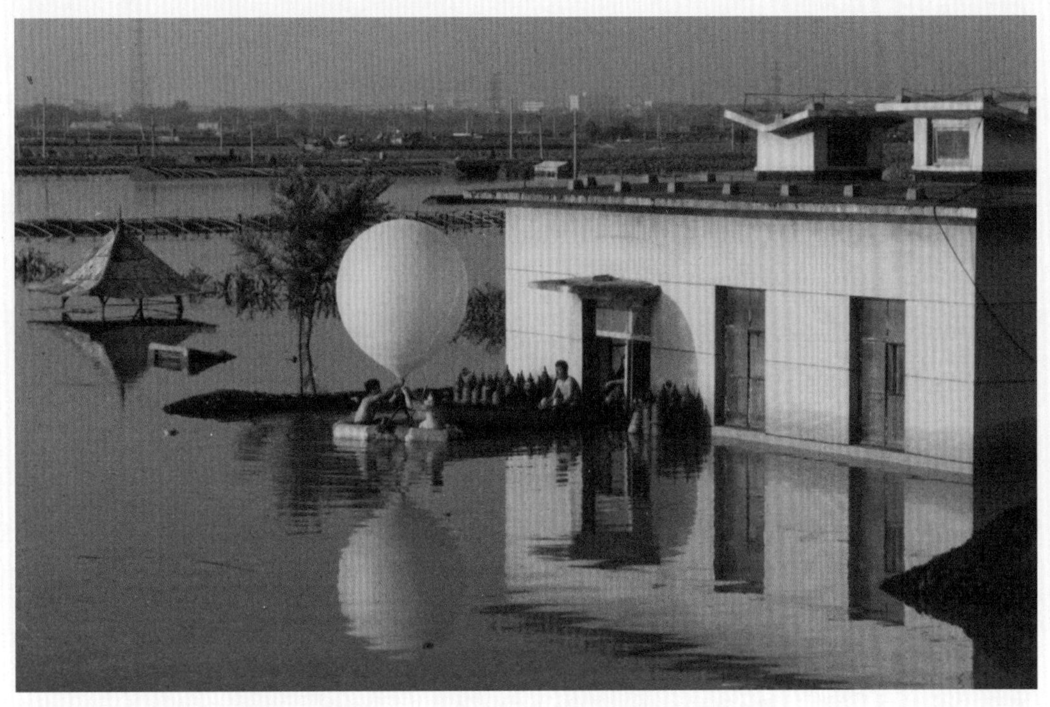

1995 年 7 月 29 日，洪水淹没沈阳观象台，职工坚持进行气象探空观测

1995 年 7 月 30 日，沈阳观象台被洪水淹没的大门前

“当时形势危急，眼看洪水已经要没过一楼了，我最担心的就是一楼的电闸。”刁军回忆说，“如果出现漏电，在场所有人都会有生命危险。于是我和一起值班的孙华林找了根竹竿把电闸拉了。现在想想还觉得十分惊险。”后来，刁军和孙华林均获得“辽宁省防汛抗灾气象服务先进个人”的荣誉称号。

当时负责高空气象观测的田鹏波则被赋予了一项特别的工作——潜水打捞。“洪水来得特别快，虽然及时转移了大部分仪器，但是像高空观测用的氢气瓶、平衡器等物品，还在水下。当时的水深将近 3 米，我水性最好，于是就负责潜到一楼打捞仪器设备，照片里是没有我的，因为我在水下呢。”田鹏波笑着回忆道。

正是由于观测员的坚守，沈阳观象台在洪水期间测得了宝贵的高空气象资料，使沈阳高空资料保持 50 年连续记录的历史没有中断，受到了中国气象局的嘉奖。

在被洪水围困的 20 天里，留守在观测场的工作人员在台长李德仁、副台长康敏的带领下坚持工作，吃饭基本靠储备粮，饮用水要划船去领，出行就坐着小铁船和橡皮艇，照明全靠蜡烛和手电筒。后来，有的值班员打趣说自己是过上了“东方威尼斯”的生活。即便条件如此艰苦，值班员们也没有耽误一次观测，没有延误一份报文。

2007 年 3 月 4 日，恰逢正月十五元宵佳节，一场历史罕见的暴风雪袭击了沈阳。

3 月 3 日晚上是地面观测员李强值班。降雪从 4 日 01 时 16 分开始，06 时 47 分开始刮起了 8 级大风，12 时 40 分出现吹雪现象，最小能见度只有 500 米。当暴风雪来临的时候，常规的观测已经不能满足服务的需要，沈阳观象台临时启动了加密观测，一小时观测一次雪量、雪深。由于风力偏大，吹雪现象造成了积雪深度的不一致，积雪最多的地方雪深超过 1 米，去观测场的路已经难以正常步行了，每一次观测，李强都是爬着去的。

“观测场离办公楼比较远，每次爬到观测场都要用 20 ～ 30 分钟。等爬回办公楼，还没等身上的雪化干净，又要开始准备下个时次的观测了。”李强回忆说。由于暴风雪造成全城交通瘫痪，接班的同志不能按时赶来，于是李强顶风冒雪、不眠不休，连续坚持了 36 小时。“除了暴雪以外，大风还把覆盖雷达的彩钢房房顶掀开了。房顶就砸在了我爬去观测场的必经之路上，如果恰巧我在那里，后果真是不堪设想。”现在说起这件事儿，李强仍然心有余悸。

这场暴雪一直持续到 3 月 5 日 03 时 50 分才结束，降雪时间超过 24 个小时，过程降雪量达到了 49 毫米，雪深 36 厘米。这是沈阳自 1905 年以来遭遇的最严重的暴风雪天气。

（二）展望未来 薪火相传

如果说百年的参天大树要依据年轮来确定树龄的话，那么百年的气象站就要靠那不曾间断的天气数据记录来证明自己的存在。一个个数据的背后，是无数个披星戴月的日子，是无数个仰望苍穹的日子，是无数个雨雪交加的日子，是无数个独守佳节的日子。数据见证了沈阳这一方气候的变迁，也承载着一代代气象人的付出和努力。回望过去，观测员们曾为了一个云状争论得面红耳赤，为了区分普雨还是阵雨辩论不休，为了真实记录要素而分秒不差地去观测，为了准时发报而奋力跑步向前。

在气象观测逐渐走向自动化的今天，沈阳观象台的气象人仍然传承着老一辈的认真精神，力求分毫不差地记录每一个数据，准时准点地发出每一份报文。认真负责一直是每一个观测员必备的素质和传承的精神。也许将来的气象观测会实现全部自动观测，但是这种认真精神已经凝聚到气象行业的气质中，越是艰苦越向前，认真、坚守是百年不变的情结。

第四章 武汉气象站

武汉是中国历史上最早建立气象观测站点的城市之一。气象观测在这座城市起起落落，它发端于半殖民地半封建社会，辗转于战火纷飞年代，在新中国成立后得到长足的发展。沿着历史的长河一路走来，武汉气象站从无到有，从小到大，由弱到强，追逐风雨，历经坎坷，现已发展成为具有一定影响力的副省级省会城市气象观测站，是湖北气象现代化的重要窗口。

历史是最好的教科书，百年台站蕴藏着百年文化。知往事而见未来，我们将逆行时光隧道，追溯百年气象风云，承载历史的重任，继续前进。

第一节　长江畔的“芝加哥”

沔彼流水，朝宗于海。

…………

沔彼流水，其流汤汤。

…………

——《小雅·沔水》

长江、汉江交汇处

世界第三长河——长江，与其最大支流汉江在武汉这座城市交融，形成两江交汇、龟蛇对峙、三镇鼎立的地理格局。这种傍水而居、缘水而兴、有容乃大的开张地形，带来的是人文和经济的亲和、包容与繁荣。

明末，汉口迅速崛起，成为商贾云集、帆樯林立的"楚中第一繁盛处"，与朱仙镇、景德镇、佛山镇并称"天下四大名镇"。史载："十府一州所需外埠之物，无不取给于汉镇。"与其他三大名镇迥然不同，汉口的特色定位正是天下商贸集散的重要枢纽。

长江绵延万里，因为横贯中国西东，其重要的战略地位曾引来西方列强对她的深入研究。西方海权论创始人阿尔弗雷德·塞耶·马汉（美国作家，1840—1914 年）就曾在《海权论》一书中分析过："谁拥有了长江流域这个中华帝国的中心地带，谁就具有了可观的政治权威。"马汉的海权论提出后，在英国、德国、日本等国广泛传播，马汉对中国长江特别是对中部长江的战略地位分析引起帝国主义列强的高度重视。而彼时彼刻的湖北汉口，更是因开放的自然环境、悠久的文明积淀，以及聚散整个长江流域的独特功能，成为西方殖民者在中国境内最下力气经营的地区。

1842 年 8 月 29 日，清政府与英国签订了严重损害中国领土完整和关税主权的《南京条约》，中国自此逐步沦为半殖民地半封建社会，海关主权逐步丧失。

1858 年 6 月，俄、美、英、法侵略者强迫清政府签订了《天津条约》，开放牛庄、登州、台湾（后选定台南）、淡水、潮州、琼州、汉口、九江、南京、镇江等为通商口岸，允许英国在通商口岸设领事馆。通过在长江流域的几个城市增辟通商口岸，帝国主义列强将魔爪从我国沿海地区伸入内陆腹地。

第二次鸦片战争后，1861 年汉口开埠，其后京汉铁路贯通，给汉口的城市发展带来极大的机遇。清末日本驻汉口总领事水野幸吉曾评说："与武昌、汉阳鼎立之汉口，贸易年额一亿三千万两，夙超天津，近凌广东，今也位于清国要港之二，将进而摩上海之垒，使视察者艳称为东方芝加哥。"汉口开埠，揭开了武汉对外开放的扉页，使武汉由国内商品集散地演变为一个国际性的口岸。

19 世纪的汉口外滩

第二节　江汉关的测候所

西方殖民者很快认识到，要保障入华的商船、战舰的顺利航行，就需要获取中国各地的气象情报。为此，担任清政府海关总税务司的英国人赫德决定，在中国海关设立气象观测站。1869 年 11 月，赫德向各海关发布《海关 28 号通札》命令，详述了观测气象的重要性："如果海关能够记录观测气象变化，对于科学的价值，和对于在东方海域的航海人员与其他的人员可能作出的实际价值，将在适当时候得到正确的评价和承认。"

在赫德的建议下，1869 年 10 月，英、美、俄等国在当时已开埠的汉口海关——江汉关（东经 114°17′，北纬 30°35′，海拔高度 36 米），建起了汉口测候所，并于同年 11 月 1 日开始气象观测。观测项目有 24 小时风向、风力，09 时和 15 时的气压，阴蔽处最高、最低气温。这可以从《江汉关外勤人员手册》（江汉关呈总税务司 3 号文，1869—1880 年）中得到证明。当时的海关将气象观测列入海务五项基本业务之一，但尚不具备预报天气的能力，另外，长江水位也是当时需要观测的项目之一，每月的观测记录须于次月初报送上海海关总署。1882 年 10 月 21 日，赫德通令各海关气象观测所将气象观测记录寄送上海徐家汇观象台。是年，汉口、宜昌两个站均开始向上海徐家汇观象台拍发气象电报。

汉口海关设立的气象站便是武汉近代气象观测的开端，也是湖北省境内最早开展的近代气象观测。汉口海关的气象站，附属于监察科，由监察兼港务长负责，观测员由稽查员和港务办事员等外勤人员兼任，参加值班观测的人数一般在 20 人以上，均由在外勤学校学过气象观测的人担任，有英、美、法、俄、日、德、意等国人，直到 1913 年，才吸收中国人参加。

据湖北省档案馆"镇馆之宝"之一——4000 余卷（册）江汉关档案记载，江汉关有一个专门记"日记"的岗位：每天记录当天本地的水文、气温、雨量、主要商品市价和社会动态，每月归纳整理，由税务司亲自过目签字。研究学者认为，这是当时西方殖民者搜集情报的手段。江汉关虽为帝国主义列强掠夺中国的工具，但其成熟的西式海关管理模式，确实极大促进了武汉的对外开放。江汉关档案真实记录了帝国主义列强对中国经济的掠夺和控制，也为后人留下了那段历史时期的气象记录。汉口江汉关存有从 1880 年到 1951 年长达 60 余年（抗日战争期间中断）的气象观测记录。这是湖北省最长的气象记录。

江汉关的一些资料也保存在中国气象局档案馆《海关气象月总簿》和湖北省气象局档案馆。在湖北省气象局档案馆，有一张泛黄的《气象月报表》，上面记录着 1886 年 2 月 1 日武汉几个时刻的气温：2 月 1 日 03 时 2.7 ℃、09 时 3.6 ℃、15 时 4.5 ℃、21 时 3.8 ℃……按当时的说法，这叫“干球温度”。因为年代久远，报表字迹已经模糊不清，但它却是武汉现存较早且较为系统的气象资料。在这份报表上面，除了温度，还记录有风向、风速、降水等数据。这也足以说明，当时武汉的气象观测就已经具有了一定的水平。

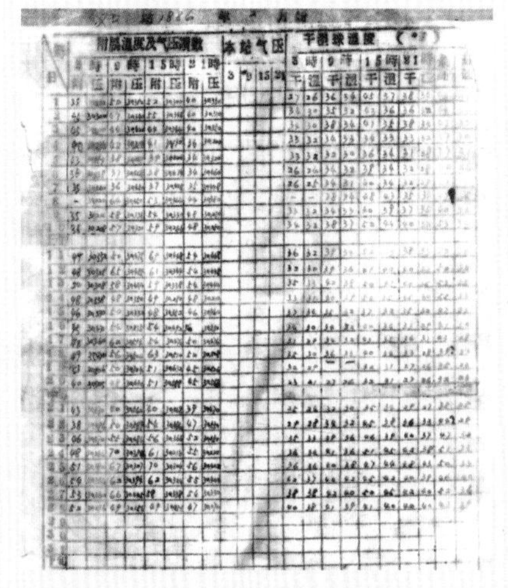

1886 年 2 月的《气象月报表》

自 1886 年开始，气象观测时间与次数渐趋统一，观测项目也基本固定下来，但制度还不够完善。1905 年《气象工作须知》颁布，标志着初步有了系统的观测及记录制度。这无疑是一个重大的改革。直到 1932 年，所有台站都使用新式的同一类型的仪器，

1908—1920 年的汉口海关大楼

气象观测的统一才算真正实现。最终，海关税务司监察科形成了较为严格的观测制度，记录极少有中断现象，但由于没有严格的校对审查制度，资料质量仍存在一些问题。

汉口江汉关观测场的气象观测，从开始到结束，共历时83年，观测场地曾几度变迁。1923年1月以前，观测场在靠近江边的民生路口（原名“张美之巷”），是很空旷的草坪，约100米见方（即100平方米）。《中国之雨量》（1900—1910年）在第一部分“台站说明”中提到：“汉口海关测站……临近的房屋，从东北偏北直至西南偏南，形成了一块连续的帷幕，然而由于建筑形式的关系（指房屋矮小），对雨量器影响不大，因附近有许多树，在有强大的北风时，降水量受影响偏少。”1923年1月21日至1924年7月，观测场迁至新址，“怡和轮船公司下码头附近草坪上，这个地点四周没有树，可以取得比较准确的气象和温度的记录”。这里即今汉口沿江大道江汉路口，除西南方有现今的后勤部大楼外，其余三面均空旷，观测场面积为一方丈（即一平方丈，约等于11.11平方米），四周有木围栏。1924年，江汉关大楼落成，观测点遂迁往江汉关大楼，但观测场在江边堤岸。1927年观测场迁移，当时观测簿中用英文记有“1927年1月观测仪器及场地由江边堤岸迁移到海关”的字样。1938—1945年侵华日军占领期间，观测场随海关办公室迁往青岛路口原英国汇丰银行大楼平台上。

第三节　其他外国人设立的测候所

武汉由于其特殊的战略地位，地理位置优越，商贸繁荣，历来为帝国主义列强所窥伺。日本更是处心积虑地收集各类战略情报，为侵略中国做准备。

《汉口》为日本驻汉口领事水野幸吉所著。此书内容依据截至1905年的日本领事馆报告、清政府海关报告、通商汇纂等写成，包含地理、衣食住、气候与卫生、汉口之过去现在及将来、工业、牧畜与渔猎、航运、金融通币及度量衡、外国银行、商业机关、外国贸易、物产、公益及公共机关、税关及邮便制度、铁路等内容，详尽介绍了辛亥革命前夕汉口各方面的状况。此书一直为研究清末汉口乃至整个清朝社会状况的专家学者们所关注，并被广泛征引。水野幸吉转任汉口领事时，便为了这本书着手筹备、潜心收集有关材料，并在回日本养病期间将此书完成。书中，水野幸吉根据

《汉口》（1908 年，上海昌明公司出版）

1905 年和 1906 年的气象资料，对汉口气候情况进行了详细描述："汉口在 30°35′N，殆与我种子岛同纬度，然距海岸 600 哩（约 965.6 千米），故气候之变化不免激烈。而附近以无高山峻峰。冬期寒气，虽不大烈，至于夏期，则炎热酷烈，有 30 ～ 70 ℃[①]，且一昼夜间少最高最低气温之差，昼夜殆同温度，无所谓凉夕之乐，其苦热实觉难堪。春期烟霞叆叇，天气虽好，而雨量甚多，但秋季颇长，金风飒飒，为一年中最佳之时节也。"

1905 年 1 月，日本驻武汉领事馆在汉口江边日本海军俱乐部设立测候所进行气象观测（东经 114°17′，北纬 30°35′，海拔高度 36 米），观测时间为东经 135° 标准时（即日本标准时），每日 06 时、14 时、22 时观测 3 次。1905 年，观测项目为气压、气温（含最高、最低气温）、风向、风速、云状、云量、相对湿度和降水量。1908 年，汉口测候所增加了日照观测。1932 年，测候所迁至胜利街 287 号（今江岸区胜利街 339 号，东经 114°18′，北纬 30°36′）。1937 年"七七"事变后，日本驻武汉领事馆及侨民撤离，气象观测一度停止。1938 年 10 月，武汉沦陷，日本人重来，测候所重新开始进行气象观测。

① 原文如此，经编者分析可能是 30 ～ 40 ℃。

原日本海军俱乐部遗址。2009年，武汉市气象局在此建成涂长望陈列馆

但是，抗日战争期间，日本人设立的汉口测候所的观测资料并没有留存在中国。为了寻找那些散失的气象资料，2007年，武汉市气象局和长江日报社联合发起“武汉抗战期间气象资料寻找活动”。2007年5月28日，武汉市外侨办向日本两家华文媒体《日本侨报》和《华人周报》发出信息。随后，日本侨报出版社总编辑段跃中致电，表示非常关注此事，准备在《日本侨报》电子版和博客上刊登消息。同年8月16日，日本友人飞田雄一先生率“神户·南京心连心会”代表团访问武汉，期间，武汉市气象局在武汉市外侨办的帮助下，向飞田雄一先生递交委托书，请求帮助寻找武汉气象资料。同年9月10日，武汉市外侨办收到飞田雄一发来的邮件。邮件中说，在日本气象厅档案资料中，找到了武汉市1939年1月1日至1943年11月30日的气象资料。这些资料正是由当时日本人设立的汉口测候所在武汉观测记录的，因测候所每月都会将资料汇总传送至东京气象厅，得以一直保存至今。当时的气象记录十分详尽，包括观测所位置数据、日照时间、湿球读数、气温、气压、风向风速、降水量、湿度、云量云形、水蒸气张力、半旬平均值、风速和气压的每月最高和最低值及每天的记事、地上温度和积雪关系、能见度等。

当年，与日本人同时进行气象观测的还有英国人。1930年，英国在武汉建立了海关测候所。英国基督教伦敦会创立的汉口博学书院，从1915年即开始气象观测。现存

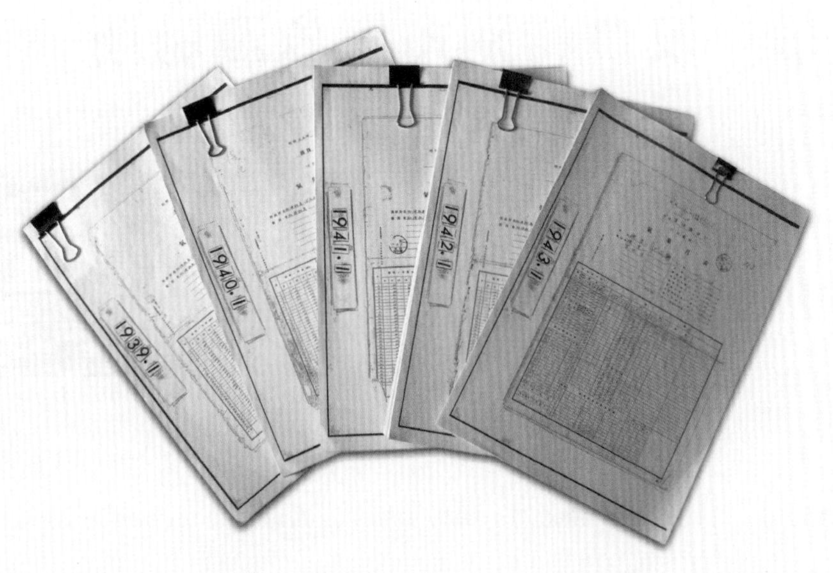

日本邮寄过来的武汉市气象资料（1939 年 1 月 1 日—1943 年 11 月 30 日）

于中国气象局的博学书院气象月报表全为英文记载，注明是中国童子军第一队观测，童子军长官是鲍克斯。博学书院地址在汉口后湖韩家墩，即今张公堤外市立四中原址。

另外，徐家汇观象台出版的气象资料中，也附有武汉一些天主教堂的气象资料。武昌花园天主教堂曾经进行过气象观测。武昌花园山天文台遗迹位于武昌县华林花园山，堪称“武汉最早的天文台”。其前身本是天主教堂的“气象哨”，当时只用来观测天气。到了 20 世纪 20 年代渐成规模，占地面积达 100 多平方米，并增加了天文观测，相关仪器设备由罗马教廷提供。1938 年，侵华日军占领武汉时，天主教堂仍有少数美国传教士在维持，但 1941 年太平洋战争爆发后，侵华日军将传教士抓至上海关押，花园山天文台也遭到破坏，相关仪器被洗劫一空。

武昌花园山天文台

花园山天文台在中国近代气象史上占有一席之地。由它观测和预报的天气资料被发往佘山天文台总台，经汇总后再发往各地，对于指导长江流域的农业、水利、交通起着重要作用。

第四节　汉口特别市气象测验所

中华民国时期的汉口市高度繁荣，人口曾达到百万，1923 年被设立为民国第一个特别市，可谓最早的直辖市。当时全国有 8 个特别市——南京（首都特别市）、上海、天津、青岛、汉口、重庆、北平、广州。

20 世纪 20 年代的汉口中山大道

1929 年 9 月，汉口特别市社会局在汉口中山公园建立气象测验所，10 月开始观测。该所有办公室数间，位于公园内大门西侧，在办公室以西土山上建有一气象台，为二层小楼房，内置仪器，观测场则在办公室与气象台之间。

汉口特别市气象测验所属汉口特别市社会局建制，每日观测 6 次，并拍发气象电报，按日作气象报告，分送市政府、社会局及各报馆。月终作气象月报，计有气温、气压、降水、湿度、风向、风速、云量、蒸发量等，并载于当时《社会月刊》（1929—1930 年）和《新汉口》月刊上（1–2 卷，1929—1931 年）。

自 1930 年 9 月开始，该所改属教育局，同年 11 月 1 日，根据教育局颁布的缩小范围的命令，全所仅观测员一人，助理员一人，分担观测及一切事务。1931 年 4 月，湖北省政府曾令建设厅函商武汉大学及汉口市政府，希望三方合办规模较大的测候所，未果。1931 年 7 月，武汉大水，测验所被淹，仪器、图书略受损失，遂停止观测，1932 年 1 月停办。

1929 年 11 月，武汉大学测候所建立，观测仪器全部从中央研究院气象研究所借用，每月观测记录报送气象研究所。该观测场原设在武昌东厂口（东厂口是阅马场东的一个老地名，与西厂口相提并论，现在的湖北剧院即在武昌区武昌阅马场西厂口 1 号）武汉大学校园内，1932 年随武汉大学迁至珞珈山。

据武汉大学生物系孙祥钟教授回忆，当时观测场位置在今生物大楼（建于 1957 年），所在地场内置有百叶箱、测风小旗，气压表置宿舍里。场地“颇形空阔，惟附近之山峰，比较高，对于风向等，不无影响”。该所业务工作仅限于地面气象观测，观测时间为 6 次，夜间两次取自自记记录。观测项目有气压、气温、湿度、风、云、降水、天气现象等。抗日战争全面爆发以后，武汉大学测候所随武汉大学迁至四川乐山，遂停止观测。

1931 年武汉大水

抗日战争胜利后，武汉大学迁回珞珈山。武汉大学游离层实验室在王燊教授主持下，利用各系原有的气象仪器，以及工作人员时间之便利，于 1950 年 5 月恢复了气象观测工作。观测项目大致同以前，观测时间 4 小时一次，进行了一年之久。因该室需展开与游离层关系较密切的研究工作，而农学院又急需气象记录资料，故在农学院农艺系王炳庭教授主持下，于 1950 年着手筹备合并该室所有气象仪器，加以扩充，正式恢复武汉大学测候所，于 1951 年 1 月开始观测工作，随后农学院从武汉大学分出，改为华中农学院，其承担的气象观测工作亦继续由华中农学院主持进行，武汉大学测候所的历史遂到此结束。

1931 年，当年的中国航空公司在汉口还设置了高空测风站，开始探测高空风向、风速，后于 1937 年停止。1935 年，江汉工程局又建立了宜昌等测候所。上海徐家汇观象台在 1930—1937 年间出版的《高空气象公报》中，记录了高空风向、风速两种观测资料。汉口高空风记录时间是 1931 年 1 月至 1937 年 6 月，观测时间在上午，时间不固定，是用载重能力为 40 克的测风气球和经纬仪测得，记录表是美国天气局的（记录高度分地面、200、500、1000……6000、6500 米），汉口最高纪录曾达 4000 米，一般是 3000 多米。高空气温观测高度分 50、150、300、500、700、800、1000、1200、1400、1600、2000 米。

第五节　战火中的大西迁

（一）武汉头等测候所兴建

1936 年，国民政府全国经济委员会水利处和中央研究院气象研究所商定在长江中下游和黄河中游分别合设 1 个头等测候所，目的是配合水利部门做好天气预报和水情预测。其中，负责长江中下游气象观测的头等测候所设在湖北武昌，负责黄河中游气象观测的头等测候所设在陕西西安。

武汉头等测候所在新建场地及房屋落成之前，即先于当年（1936 年）1 月 1 日开始了简单的观测和办公，使用的是湖北武昌大东门外华中协和神学院的一栋楼房（即后来的武汉市第二师范学校所在地）。办公设施有铁床 3 张，写字桌 3 张，藤椅 3 把，饭桌 1 张，凳子 4 个。测候所受经费条件所限，办公条件一直比较简陋。由于须拍发气象电报，而电报局远在六七千米之外，1938 年，主任沈次由还写信申请购置自行车的费用。

1936 年上半年，时任中央研究院气象研究所所长、浙江大学校长竺可桢先后派测候员沈次由、研究员涂长望，与湖北省政府接洽，并到实地查勘，为正式筹建武汉头等测候所选址，当时议定建筑地点为武昌紫阳湖畔附近空地。同年 11 月，这一选址经湖北省政府函准。

1936 年 12 月，在竺可桢的努力和武汉大学的协助下，在涂长望、沈次由等人的具体操办下，中央研究院气象研究所提供技术、仪器、图书和业务管理人员，全国经济委员会水利处提供经费，武汉头等测候所在湖北武昌正式创立，首任主任由沈次由担任，观测员为徐勉钊、尹世勋二人。该所相当于是负责长江中下游一带气象观测的中心气象台，拥有当时处于全国较强水平的技术力量和先进的仪器设备。

1937 年 1 月，武汉头等测候所正式开始地面气象观测，并拍发气象电报。其观测仪器完备，还有达因风向风速计、经纬仪等。7 月，配备 1 台无线电收报机和 1 名报务员，开始抄收国内外气象广播，并开始正式预报华中地区天气，预报员为许鉴明。每日 06 时、14 时分两次正式向全国经济委员会江汉工程局、通讯社及汉口市广播电台等发布华中地区天气预报。每到月底还须将各项记录清算统计形成月报，送江汉工程局扬子江水利委员会、中央研究院气象研究所及湖北省政府和武昌市政处。

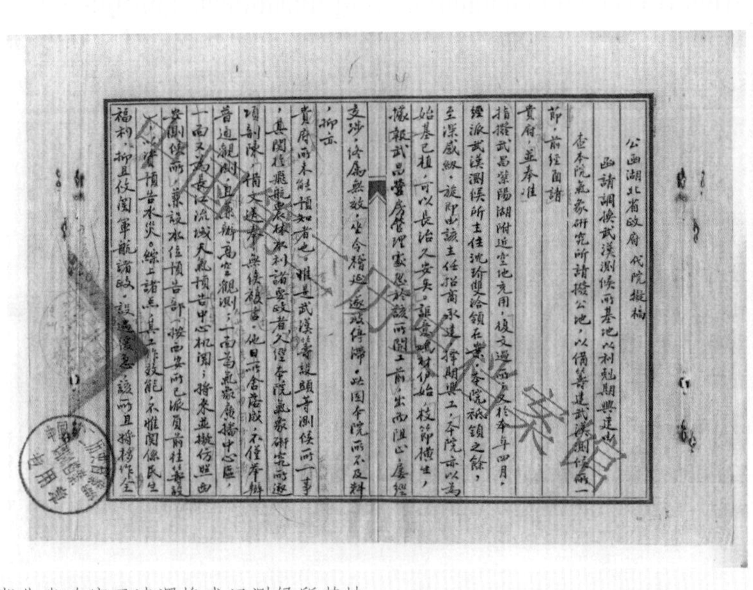
公函湖北省政府 代院擬稿

函請調換武漢測候所基地以利剋期興建由

查本院氣象研究所請撥公地，以備籌建武漢測候所一節，前經函請

貴府，並奉准

指撥武昌紫陽湖附近空地充用，復文過府，又於本年四月，

湖北省政府函请调换武汉测候所基地

1937 年位于武昌协和神学院的武汉头等测候所

武汉头等测候所除坚持日常的气象观测、制作发布华中地区天气预报外，还为航空公司和空军作战提供天气预报和气象资料服务。一方面，每日向武汉航空司令部供给长江中下游各城市现况及预报，并由其每月提供津贴。另一方面，航空委员会武汉机场、汉口空军总站等也随时索取资料。

1937 年 10 月，测候所的办公业务用房开始在武昌紫阳湖石灰堰附近的空地动工兴建。1938 年 1 月，国民政府经济部成立，武汉头等测候所改隶属于该部的水利司。

1938 年 6 月，坐落在武昌起义门内紫阳湖南岸（后来的武昌石灰堰 115 号武汉市第二针织厂所在地）的武汉头等测候所新办公楼终于全部落成。这便是现今武汉气象观测站的前身。

武汉头等测候所房屋建筑为二层楼房，有办公室和宿舍 10 余间，其观测场位于办公楼大门前西南方空地，总占地面积十五六亩[①]，共投入经费约法币[②] 15 000 元。1938 年 6 月 20 日，该所预报工作迁至新办公楼，次日正式开始办公。观测工作则继续留在

1938 年 6 月，尹世勋在武汉头等测候所进行气象观测

① 1 亩≈666.67 平方米。

② 当时 1 法币相当于现在的 200 元人民币。

协和神学院，由尹世勋留守，徐勉钊每日前往帮忙，共同观测记录，直至6月底。7月1日，观测部门全部仪器、人员迁至新址工作。同时，武汉头等测候所接管了汉口二等测候所。

1938年7月，中央研究院气象研究所派预报员、报务员各1名到武汉头等测候所工作，并接替汉口二等测候所刚开展起来的天气预报业务，于7月31日开始对外发布天气预报。这是武汉市乃至整个湖北省最早的天气预报机构。

（二）为避战火，奔向西南

抗日战争全面爆发后，沦陷区的许多机关、学校、企业及科研机构等纷纷向西南迁移，以避战火，延续命脉。1937年11月20日，江苏苏州陷落，国民政府开始从湖北武汉迁都四川重庆。武汉头等测候所是否迁移，也摆上了议事日程。

1938年6—7月，武汉头等测候所开始准备迁移事宜，竺可桢亲临武汉安排。竺可桢最初的想法是要将武汉头等测候所迁往广西桂林或阳朔。

一迁湖南衡阳

1938年7月11日晚，主任沈次由、预报员许鉴明将第一批气象仪器4箱，从宾阳门带上车准备出发。

7月17日和19日，武汉遭遇日机狂炸。7月21日，奉竺可桢命令，武汉头等测候所全体员工及仪器、图书等上车，正式离开武汉，开始第一次西迁历程。经辗转迁徙500多千米，历时3日，于7月23日17时抵达湖南衡阳，暂住衡阳火车站附近的一家旅馆。

当时，武汉头等测候所在衡阳，敌机仍每天不停轰炸，人们不得安宁。为此，竺可桢又决定将其向桂林迁徙。到8月5日再次迁移时，武汉头等测候所在衡阳只停留了12天，还没有来得及开展各项业务工作。

二迁广西桂林

为了将武汉头等测候所人员从衡阳送到桂林，竺可桢与前期已迁桂林的中央研究院地质研究所所长李四光商量请他接测候所人员去桂林。李四光与广西省政府接洽后，商定由广西省政府代为雇车去衡阳。当时，武汉头等测候所负责业务的职员有：主任沈次由，预报员许鉴明，观测员徐勉钊、尹世勋，译电员洪绍甫。此外，因考虑到迁移异地，沿途人手短缺，且以后在异地可能找不到合适的后勤人员，测候所将原来所里的信差陈忠尧和勤务黄成福、包东生也带了出来。

1938 年 8 月 5 日，一辆大型客运汽车受雇从衡阳出发，送测候所人员及设备前往桂林。但由于半辆车被其他迁桂人员所占，测候所的许鉴明、陈忠尧及文具箱、行李等共计 26 件未能上车，仍被迫滞留衡阳。

8 月 6 日，经过 1 天 300 多千米路程，测候所首批人员和物资到达桂林，并以 160 元租金租赁桂林美仁路 4 号房屋一半，用作业务办公用房。因所租房屋还未修建完工，测候所只得在桂南路兴盛巷 2 号租下了 3 间小屋，安置人员设备。沈次由则临时住在华南饭店的一个小房间，每日租金 1 元。

8 月 29 日，许鉴明、陈忠尧携带滞留衡阳的仪器安全到达桂林。同时，此前路经湖南湘潭时寄存在那里的仪器、书籍亦全部迁到桂林。据沈次由《职所由武昌迁至桂林事》中记载，1938 年 10 月 15 日，武汉头等测候所租赁的美仁路 4 号房屋建好后，于 16 日搬入，简单布置后于 10 月 20 日正式开始工作。

由于桂林同样遭受侵华日军的空袭轰炸，测候所在此仍然无法正常工作，百叶箱、雨量器等也无处安设，测量只能在房中进行。无奈之下，武汉头等测候所在桂林短暂停留 4 个月零 20 余天后，再次开始大迁移。

三迁广西宜山

1938 年 10 月底，已迁至江西泰和的浙江大学根据时局变化再次迁至广西宜山（今宜州）。11 月 9 日，竺可桢致函在桂林的武汉头等测候所，要求同样向宜山迁移。

从 1938 年 12 月 21 日起，武汉头等测候所部分人员和物资开始从桂林出发，直至 12 月 28 日，除译电员洪绍甫仍留在桂林，在其租住的文昌门文明路 105 号楼上开展气象电报译密工作外，其余职员均已分批乘坐浙江大学校车到达距桂林 200 多千米外的宜山。12 月 31 日，武汉头等测候所抵达宜山。

测候所迁至宜山后，昼夜赶制百叶箱、蒸发皿等设备，为恢复观测做准备。因新建房屋尚未完成，人员暂住城内西三街 27 号，仪器、图书则暂存宜山文庙浙江大学保管股储藏室。

1939 年 1 月 1 日，测候所暂借宜山标营浙江大学学生宿舍及场地开始观测办公。

抗日战争时期广西宜山标营浙江大学校舍

后来（当年2月10日），按照竺可桢计划，选择与标营浙江大学学生宿舍隔河为邻的小龙乡蓝靛村乌龟咀农场作为临时所址，观测部分仍留在标营。测候所还在小龙乡的沙滩进行了新址及相关硬件设施建设，后因再次大迁移而停建或转让。

武汉头等测候所在宜山开始观测及预报工作后，竺可桢和涂长望经常到所里了解并指导工作，并要求测候所按月将宜山气候概况根据观测资料进行整理叙述，交由浙江大学校刊登载。

虽然地处西南内陆深处，宜山依然笼罩在战争的阴霾之中。1939年2月5日上午11时许，天气晴朗得异乎寻常，侵华日军18架飞机疯狂来袭，经过3次轮番轰炸，共向浙江大学建在标营的几间草房教室投弹约118枚，所幸除1人受伤外，无人员死亡。空袭中，武汉头等测候所气象仪器福丁式水银气压表被震坏。

武汉头等测候所是浙江大学重要的教学、科研机构。1939年3月25日，浙江大学农学院组织学生前往测候所参观。4月12日，测候所在浙江大学校刊上发表《宜山三月来之气象》。5月5日，浙江大学教授沈鲁珍率学生到该所实习。6月10日，浙江大学土木工程学系师生到该所参观。8月6日，浙江大学史地系学生到该所实习。同时，测候所的气象观测业务对国民政府和地方政府的各项事务也起到了十分重要的作用。

1939 年 6 月 27 日，国民政府航空委员会函请测候所拍发气象电报。自 1939 年 7 月 8 日起，每日分上、下午向航空委员会宜山电台提供 2 次气象报告。8 月 20 日，广西第三区农场致函索取该所观测记录。10 月 16 日，中央研究院气象研究所长期预报组也开始借用该所新建房屋进行办公。

在宜山期间，武汉头等测候所的成员有所变化。首任主任沈次由因病前往上海治疗，期间因医治不愈跳楼自杀身亡。之后，主任一职由浙江大学校办秘书诸葛麒代理。11 月 27 日，正式由已迁至重庆北碚的中央研究院气象研究所研究员卢鋈前往宜山接任。

原有职员徐勉钊辞职，另外 2 名临时观测生涂翔中、李成章被解聘；新增职员曾广琼。观测员尹世勋、预报员许鉴明（秋水）、译电员洪绍甫仍在测候所工作。

1939 年 11 月 25 日，南宁陷落。宜山每天仍不停地响起空袭警报，当地百姓和浙江大学师生都生活在恐惧中，迁移再次提上日程。武汉头等测候所也面临着又一次搬迁。当时，竺可桢主张迁至广西柳州三江，主任卢鋈和浙江大学史地系气象学教授涂长望则希望测候所跟随浙江大学一起搬迁。后经竺可桢多次前往贵州遵义、湄潭等地进行考察和协商，最后才决定，武汉头等测候所跟随浙江大学一起迁往贵州。

四迁遵义湄潭

因桂南战事严峻，1940 年 1 月，竺可桢指示武汉头等测候所，遇必要时可迁贵州遵义工作。1 月 31 日，卢鋈派测候生曾广琼先行入黔筹备。当月，测候所在桂林购得收报机 1 台、电池 6 只，在香港购得变压器 2 台，共计花费约 800 元。

2 月 12 日，曾广琼抵达遵义，随即赁定老城煤市街 25 号为临时办公处。2 月 10 日，武汉头等测候所结束在宜山的观测工作，并将所有未托管的重要图书及应用仪器装箱，部分重要图书交给邮政局寄到贵州遵义，应用仪器则由卢鋈随身携带。此外，测候所在宜山使用的房屋、家具等都在清点数目之后移交广西第三区各县联合农场宜山分场保管。一切准备就绪后启程，武汉头等测候所开始了第四次长途跋涉。因公路局客车稀少，且人满为患，客车车票不容易买到，卢鋈只好嘱咐职员们各自自行北上入黔，至遵义集合。2 月 17 日，尹世勋、许鉴明分别搭乘客车先行。

2 月 18 日，卢鋈善后完毕，便携带仪器、图书离开宜山，搭乘中国运输公司货运专车赴黔。卢鋈的这次行程极其艰难，2 月 21 日，当车行至贵阳附近的遵义马场坪甘粑哨时，发生了车祸，车辆翻覆，所幸卢鋈没有受重伤，他所携带的仪器、图书也只是轻微地被水浸渍，损失不大。2 月 23 日，卢鋈到达贵阳，在此休养了几天，检验了仪器，发现破损不严重，都还可以使用。于是，在身体伤痛略为减轻、仪器维修完后，卢鋈便动身了，他于 3 月 1 日抵达遵义。

当时，测候所在遵义老城煤市街租用的临时办公处附近场地过于狭小，不适合气象观测。但这时遵义城已经人满为患，大批迁到此处的步兵学校及浙江大学的师生，使得城中人口顿时增加数倍，卢鋈等人想要寻找地点办公，异常困难。正好在此时，竺可桢发电报要求测候所改迁到位于遵义城东 72 千米处的湄潭。

3 月 13 日，卢鋈来到湄潭勘察所址，筹备迁移。在湄潭县政府及当地士绅的鼎力协助下，他选定了县城义泉镇北门外的玉皇阁。这个地方在湄江河之滨，较为开阔，很适合气象观测。与各方商洽定妥之后，3 月 21 日卢鋈立即返回遵义，整顿行装，征集民夫，于 3 月 27 日率同尹世勋、许鉴明、曾广琼 3 人启程前往湄潭，并于 29 日抵达，4 月 1 日开始观测。

贵州湄潭是武汉头等测候所这一次漫长艰辛的逃难之路的终点，测候所终于在这里找到了一个可以安身立命的地方。全所仅有的四位职员，在战火硝烟中，不屈不挠地重新开展起气象观测业务。

武汉头等测候所所在地——玉皇阁，是一座古老的大庙宇，位于湄潭县城义泉镇北门外的湄江河边，与建于清朝康熙年间的七星桥相望，不远处就是浙江大学的男生

玉皇阁内部

玉皇阁远眺

1940 年 4 月，湄潭武汉测候所《气象观测簿》第一、二册

宿舍和礼堂。走进玉皇阁内，正面是正殿，为两层重檐式歇山顶木结构建筑，左右两面为厢房，一层木结构，左面当时为浙江大学附属小学教室，右面就是武汉头等测候所办公室和住房。观测场则建立在正殿前面靠围墙的菜地中，面积约 100 平方米。玉皇阁里原本有一名护庙人，即玉皇阁的看守保安人员。搬入此处的测候所工作人员也便住在庙里，除了卢鋈、曾广琼夫妇和许鉴明外，还有尹世勋一家 4 口。

从 1940 年 4 月 1 日开始，武汉头等测候所在湄潭玉皇阁正式运转工作，按照《观测须知》，每天进行 24 小时观测，每小时实测 1 次，进行系统性气象观测和记录。武汉头等测候所改称“湄潭武汉测候所”。其观测记录除每月通过电报上报国民政府经济部、中央研究院气象研究所等单位外，还每日分两次电报给重庆电报局广播，同时提供给浙江大学农学院和史地系气象专业、中央实验茶场等，使气象观测和气象教学、气象服务有机结合。

在战争威胁下，测候所为了保存中国气象科学的种子，冒着被日本军机轰炸的巨大危险，几度流离，尽管路途万分艰险，但是测候所的职员们依然用自己的双手保护了大量的珍贵资料、书籍和设备，保证了测候所每到一地，只要外界条件允许，就可以开展气象教学和观测业务。他们的功勋将永远载于史册。在湄潭期间的 6 年零 3 个月，测候所在工作方面仍分天气预告和气象测候。测候方面，每天 05 时至 20 时，每小时观测 1 次；夜间记录采用自记仪器，按日发报，按月统计。

成果方面，除了测候所主任卢鋈的中国第一本《天气预告学》和第一本《中国气候图集》《中国气候概论》著作外，测候所还与分驻贵州遵义、湄潭、永兴三地的浙江大学师生合作，其中，史地系气象学教授的论文就有涂长望的《气象学研究法》和《气候学研究法》。这几本书在新中国成立后出版，成为当时中国气象工作人员的主要学习材料。

1942 年 1 月，国民政府中央气象局成立，湄潭武汉测候所归属其管辖。10 月 9 日，预报员许鉴明代辞职的卢鋈，任湄潭武汉测候所主任。

至 1946 年 6 月，武汉测候所部分工作人员随浙江大学复员东归离开了湄潭，留在湄潭的测候所工作人员只有尹世勋及其家人。湄潭武汉测候所已改称湄潭测候所，由尹世勋任主任。至此，武汉头等测候所在湄潭的历史结束了。湄潭测候所作为贵州本地的气象观测站，开始为西南地区的气象事业发展发挥作用。

抗日战争时期的湄潭，物质匮乏，生活极为艰苦，但测候所工作人员并没有因此懈怠。主任卢鋈应聘为浙江大学副教授，边教学边从事气象观测与科研工作；尹世勋抽出时间兼任浙江大学附中气象、地理教员，所得薪金除了贴补家庭生计之外，还用来弥补工作经费的不足。

除了观测和预报，测候所还积极配合西迁的浙江大学农学院开展农业气象课教学、科研活动，浙江大学农学院也因武汉头等测候所在湄潭落户，取得很多农业方面的教学、科研成果。落户湄潭的民国中央实验茶场的科研人员及其在此实习或就业的浙江大学毕业生，也常利用测候所的观测数据开展茶叶、桑蚕、红薯等的生产与科研活动。

武汉头等测候所和浙江大学西迁，以及浙江大学附设遵义测候所的建立，使地处中国大西南云贵高原深处的遵义、湄潭，与竺可桢、吕炯、涂长望、卢鋈、尹世勋、么枕生、郭晓岚、叶笃正、谢义炳、周恩济、姚宜民、束家鑫、吕东明、施雅风、欧阳海、张镜湖、李良骐、骆继宾等国内外著名的气象学者和知名的气象专家结缘，也使当地的传统农业生产方式发生了根本性的改变。就像火炬点燃熊熊燃烧，农业科学、气象科学的光，从那时起便持续地照耀着这片贫瘠而温柔的土地，直至今天。

新中国成立后，曾在遵义、湄潭、永兴工作、学习和生活过的竺可桢、叶笃正先后担任中国科学院副院长，涂长望、卢鋈分别担任中央军委气象局第一任局长、副局长，吕炯成为中国第一个农业气象机构领导者，欧阳海成为中国第一部农业气象情报

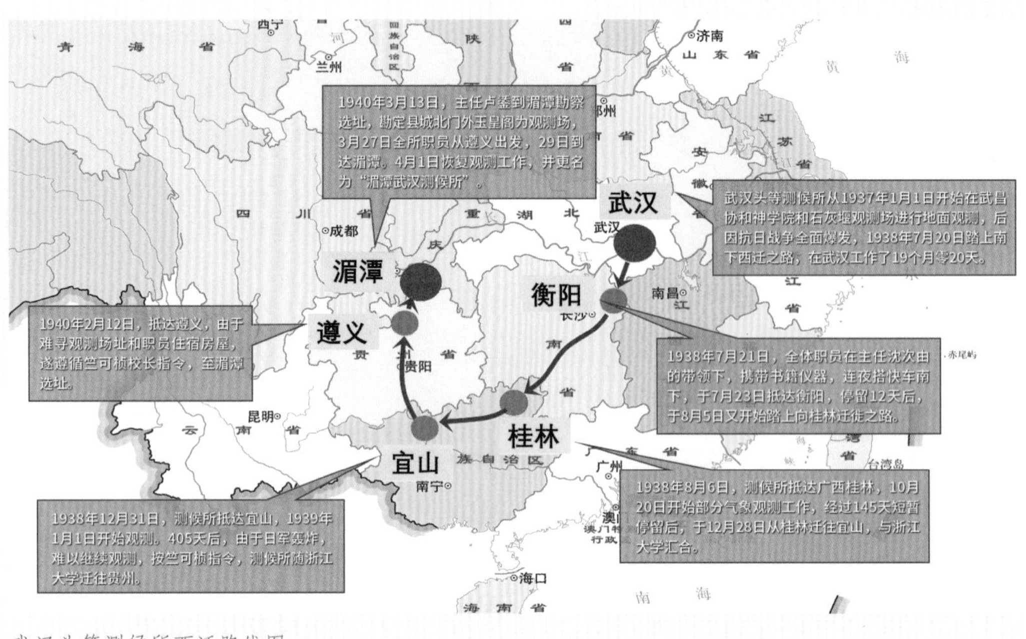

武汉
1940年3月13日，主任卢鋈到湄潭勘察选址，勘定县城北门外玉皇阁为观测场，3月27日全所职员从遵义出发，29日到达湄潭。4月1日恢复观测工作，并更名为“湄潭武汉测候所”。
武汉头等测候所从1937年1月1日开始在武昌协和神学院和石灰堰观测场进行地面观测，后因抗日战争全面爆发，1938年7月20日踏上南下西迁之路，在武汉工作了19个月零20天。
湄潭
衡阳
遵义
1940年2月12日，抵达遵义，由于难寻观测场址和职员住宿房屋，遂遵循竺可桢校长指令，至湄潭选址。
1938年7月21日，全体职员在主任沈次由的带领下，携带书籍仪器，连夜搭快车南下，于7月23日抵达衡阳，停留12天后，于8月5日又开始踏上向桂林迁徙之路。
桂林
宜山
1938年8月6日，测候所抵达广西桂林，10月20日开始部分气象观测工作，经过145天短暂停留后，于12月28日从桂林迁往宜山，与浙江大学汇合。
1938年12月31日，测候所抵达宜山，1939年1月1日开始观测。405天后，由于日军轰炸，难以继续观测，按竺可桢指令，测候所随浙江大学迁往贵州。
青海省
西宁
兰州
陕
济南
山东省
黄海
郑州
江苏省
安徽
四川省
成都
重庆
湖北
武汉
南昌
长沙
贵州省
贵阳
南
昆明
云南省
族自治区
南宁
广东省
广州
台湾岛
海口
海南省
南海

武汉头等测候所西迁路线图

电码的制定者，郭晓岚成为大气动力学的一代宗师，姚宜民成为世界农业气象专家……他们都为中国气象事业的建立和发展做出了历史性的重大贡献。

（三）武汉头等测候所恢复，改制汉口气象台

1947 年 1 月，中央研究院气象研究所在武昌石灰堰（原武汉头等测候所 1938 年下半年所址）恢复武汉头等测候所的气象观测业务。

1948 年初，该所改隶属国民政府中央气象局，改制为汉口气象台，成为江西、湖南、湖北 3 省区台。同时，将国民政府接收的中美合作所汉口测候所合并，其规模、设备较原武汉头等测候所更为完备，业务工作则仍局限于地面气象观测和高空测风，每月将气象记录报表报送国民政府中央气象局和中央气象研究所。

第六节　新中国的新篇章

（一）四度迁址，四次变化

1949 年 5 月，武汉解放，百业重兴。起步较早的武汉气象事业也揭开了新的一页，在新中国新社会的广阔天地里不断发展壮大。

1949 年 6 月，中国人民革命军事委员会武汉市军事管制委员会航空接管组奉命接管了位于武昌石灰堰的汉口气象台和汉口王家墩空军机场气象台，并于 1950 年春将两台合并为汉口气象台，原汉口气象台的地面观测工作持续到 1950 年 4 月为止。

1954 年汉口气象台改称中央气象局汉口中心气象台，地址设在汉口赵家条，开展预报和观测业务。观测项目为天空状况、天气现象、气压、气温、湿度、风向、风速、能见度等。1950—1953 年，增加云量和地温观测。地面气象观测每小时 1 次，有时还

20 世纪 80 年代的武汉国家基本气象站观测场

进行不定时观测。地温为每日 06 时、14 时、21 时 3 次。1954—1960 年，每日定时观测 4 次（01 时、07 时、13 时、19 时），观测项目为云、能见度、天气现象、气压、气温、湿度、风向风速、降水、雪深、积雪密度（雪压）、日照、蒸发、地温（地面、浅层和较深层）、冻土。

1960 年 1 月，中央气象局汉口中心气象台的地面、高空观测业务迁至汉口东西湖吴家山，称为湖北省气象局汉口中心气象台。

1960 年 4 月—1964 年 9 月，称湖北省气象局气象服务站。1960 年 8 月起改为每日 02 时、08 时、14 时、20 时 4 次定时观测，后增加电线积冰观测。

1964 年 9 月—1982 年 3 月，称武汉中心气象台东西湖气象站。朱西长、万朴、区文宏先后任负责人。期间，高空观测设备经历了多次更新升级。

据东西湖吴家山观测站第一任工会主席和第一任观象台台长赵在田回忆，搬迁至吴家山之前，由于观测站紧挨铁路，环境相当嘈杂。观测站里大多数都是年轻人，大家除了值班，还要去农场参加劳动，生活比较艰苦，尤其三年困难时期，大家只能靠自己种南瓜来填饱肚子。

1978 年，党的十一届三中全会召开，气象工作重点逐步转移到改革开放和推进气象现代化轨道上来。1980 年，武汉气象站被定义为国家基本气象站。

1982 年 3 月—1983 年 6 月，称湖北省气象局观象台，负责人赵承荣。

1983 年 6 月—1985 年 6 月，称湖北省武汉市气象管理处，赵承荣主持工作。管理处下设地面科、高空科和预报科。

1985 年 12 月，武汉市气象局成立，地面科、高空科和预报科由武汉市气象局管理。

2002 年，地面科、高空科和预报科归口武汉市气象局直属单位——武汉市气象台管理。

在此期间，气象观测系统逐步规范定时观测和设备自动化升级。高空观测方面：1981 年 5 月，观测时次调整为每天 01 时、07 时、13 时、19 时 4 次定时探空测风综合观测；1990 年 1 月，观测时次调整为每天 07 时、19 时 2 次定时探空测风综合观测和 01 时 1 次单独测风观测。地面观测方面：1985 年起使用 PC-1500 计算机进行地面观测计算和编报；1999 年 10 月，建成 ZQZ-C Ⅱ型自动气象站；2001 年 6 月，

2009 年 12 月 31 日，武汉国家气候观象台搬迁到东西湖区慈惠农场内

使用 Esc-1 型辐射数据采集器，实现辐射自动观测；2006 年 1 月更换为华创升达 CAWS600-SE 型自动气象站，2 月 1 日增加草温观测。气象数据接收能力也随即逐步提升。

2006 年起，称武汉国家气候观象台。

2009 年 12 月 31 日，武汉国家气候观象台搬迁到东西湖区慈惠农场八向大队惠农路 53 号，12 月 31 日 20 时正式开展观测业务，台站名称仍为武汉国家气候观象台，挂牌武汉观象台。

2013 年 7 月，更名为武汉国家基本气象观测站，沿用至今。2010 年 1 月 1 日，大型蒸发开始自动观测。2013 年 9 月 1 日起使用新型自动气象站，实现地面、辐射综合自动观测。

自动太阳跟踪器

空间天气电离层标校场铁塔

（二）从设备的国产化到观测的现代化

新中国成立后，武汉气象观测就开始逐步实现设备的国产化。1949 年之前，我国地面气象观测仪器均由美国、日本、英国、德国等国家生产，从 1961 年 1 月起，地面气象观测仪器逐渐采用我国产品；1971—1980 年，湖北省的各气象台站相继配备国产 EL 电接风向风速计，取代苏式维尔达风压器；1981 年，全省气象台站开始配备翻斗式遥测雨量计。

在追求国产化的同时，追求现代化的步伐也始终在路上。1949 年 9 月，汉口恢复高空测风站。高空测风仪器最初均使用光学经纬仪，受天气条件制约，在多云和阴雨天气时，气球入云，无法追踪探测。武汉于 1956 年改用无线电定向测风仪，之后使用苏联探测设备“马拉黑”（无线电经纬仪）和对应的苏式 049 型探空仪、国产测风雷达、数字式探空仪直到 L 波段测风雷达。武汉高空气象观测设备也走向了现代化。

1992 年 10 月，国家气象局筹建气象卫星综合应用业务系统（即 9210 工程），计划在全国地市级以上气象台站建设 VSAT 卫星通信地面站。武汉市气象局在 1997 年 6 月建设了 VSAT 小站，安装了卫星广播资料接收软件，建立了气象综合信息处理系统（MICAPS）。2005 年升级为 DVB–S 系统，2011 年升级为 CMACast 系统。FY–3 省级站具备同时接收 L 频段及 X 频段信号的能力，2015 年在新洲区气象局建成。气象卫星遥感监测信息还广泛地应用于暴雨、冰雹、大风、龙卷和寒潮等天气系统的监测和预报，并对水环境、湖泊蓝藻、冰凌、海藻、海冰等的监测有着重大的价值。设备、技术提升所带来的观测水平和能力的提高，也使得气象服务领域逐步扩展到涵盖全社会的农业生产、重大活动、重点工程、防汛抗洪、工业、人民生产生活、交通运输业、商业、仓储、保险、生态文明、长江经济带等各行业、全领域。

（三）坚定信心，奔向未来

新中国成立以来，武汉气象事业取得了长足进步，以崭新的面貌呈现在世人面前。特别是历经改革开放洗礼，武汉气象站在新时代焕发了青春。武汉市气象部门正逐步由单一的气象观测业务为主，向建立以综合气象观测、气象预报预测、城市气象灾害防御服务、城市运行气象服务、都市农业气象服务等为重点的现代气象业务服务体系迈进，气象综合观测能力、精细化气象预测预报水平不断提高，气象现代化体系日趋完善。气象综合能力进入全国副省级市先进行列，气象防灾减灾能力不断提高，服务效益显著，为武汉社会经济发展做出了重要贡献。

2012 年，湖北省气象局将武汉列为全省率先基本实现气象现代化试点单位。2013 年，《武汉市人民政府关于加快推进我市率先基本实现气象现代化的实施意见》发布，有力推动了武汉市全面实现气象现代化各项工作。2017 年，武汉市社会科学院的第三方评估报告显示，武汉把气象现代化与加快建设国家中心城市、复兴大武汉紧密结合，部分业务领域接近或达到世界大城市先进水平。

一百五十年来，武汉气象站阅尽沧桑，饱受殖民侵略的屈辱，经历了侵华日军炮火的摧残，在新中国成立后得到了飞速的发展。如今，披着百年尘霜的武汉气象站正以崭新的面貌、强劲的步伐，迈向更加宽广的新时代。

N
W
E
S

主要参考文献

陈诗启，2002. 中国近代海关史[M]. 北京：人民出版社.

大连市科学技术志编纂委员会，1994. 大连市科学技术志[M]. 大连：大连出版社.

《大连市气象志》编纂委员会，2014. 大连市气象志[M]. 北京：气象出版社.

丁力，2009. 沙俄和日本占领时期大连的城市建设[J]. 兰台世界，9: 70.

方军，王胜利，1999. 大连近百年风云图录[M]. 沈阳：辽宁人民出版社.

何佩然，2003. 风云可测——香港天文台与社会的变迁[M]. 香港：香港大学出版社.

湖北省气象局，2002. 湖北气象志[M]. 北京：气象出版社.

加内特·沃尔斯利，2013. 1860年对华战争纪实[M]. 江先发，叶红卫，译. 上海：中西书局.

蒋耀辉，2013. 大连开埠建市[M]. 大连：大连出版社.

卢水平，2009. 昙华林藏着武汉最早的天文台[N]. 楚天都市报，2009-06-28.

辽宁省地方志编纂委员会办公室，2002. 辽宁省志·气象志[M]. 沈阳：辽宁民族出版社.

辽宁省气象局，2013. 辽宁省基层气象台站简史[M]. 北京：气象出版社.

辽宁省人民政府地方志办公室，2015. 辽宁省志·气象志（1986—2005）[M]. 沈阳：辽宁民族出版社.

乔盛西，等，1989. 湖北省气候志[M]. 武汉：湖北人民出版社.

《上海气象志》编纂委员会，1997. 上海气象志[M]. 上海：上海社会科学院出版社.

上田恭辅，2015. 露西亚时代的大连[J]. 张晓刚，译. 大连近代史研究，12: 476 — 485.

沈阳市气象局，2013. 沈阳气象志[M]. 沈阳：辽宁科学技术出版社.

沈阳市人民政府地方志办公室，2002. 沈阳市志 2001[M]. 沈阳：沈阳出版社.

水野幸吉，2014. 中国中部事情：汉口[M]. 武德庆，译. 武汉：武汉出版社.

宋伟宏，2011. 伪满洲国观象台述略[J]. 大连近代史研究，8: 269 — 277.

汪甘霖，夏承仁，石奇烈，1990. 湖北省气象科技事业志[J]. 湖北气象，3: 7.

温克刚，2007. 中国气象灾害大典·湖北卷[M]. 北京：气象出版社.

吴增祥，2007. 中国近代气象台站[M]. 北京：气象出版社.

徐凤莉，韩玺山，2004. 伪满洲国气象科研教育考证 [C] // 中国气象学会 . 推进气象科技创新加快气象事业发展——中国气象学会 2004 年年会论文集（下册）. 北京：中国气象学会：451.

徐凤莉，韩玺山，2006. 沈阳观象台百年沿革 [C] // 中国气象学会 . 中国气象学会 2006 年年会“气象史志研究进展”分会场论文集 . 北京：中国气象学会：74 .

许芳，2000. 沈阳旧影 [M]. 北京：人民美术出版社 .

张建威，张晓刚，2019. 鸦片战争期间英军在大连地区军事行动之考察 [J]. 大连大学学报，40(1): 28 — 41.

中国近代气象史资料编委会，1995. 中国近代气象史资料 [M]. 北京：气象出版社 .

中国人民政治协商会议湄潭县委员会，贵州省遵义市气象局，贵州省湄潭县气象局，2017. 问天之路——中国气象史从遵义、湄潭走过 [M]. 北京：气象出版社 .